室内环境与检测

主　编　张　嵩　赵雪君
副主编　李　浩　李　卫
主　审　何家华

中国建材工业出版社

图书在版编目(CIP)数据

室内环境与检测/张嵩，赵雪君主编. —北京：中国建材工业出版社，2015.1（2024.7 重印）
ISBN 978-7-5160-1030-3

Ⅰ. ①室… Ⅱ. ①张… ②赵… Ⅲ. ①居住环境—环境监测—高等职业教育—教材 Ⅳ. ①X83

中国版本图书馆 CIP 数据核字（2014）第 274075 号

内容简介

本书以《民用建筑工程室内环境污染控制规范》(GB 50325—2010，2013 年版)、《室内空气质量标准》(GB/T 18883—2002)、《环境空气质量标准》(GB 3095—2012)等为依据，按照高职高专工学结合教学的基本要求编写，主要内容包括室内环境的相关基础知识和室内环境检测技能。其中，室内环境检测技能以具体检测工程为基础，分为有机污染物的检测、无机污染物的检测、可吸入颗粒物的检测、其他污染物的检测四个项目，针对具体的检测内容与检测技能又将四个项目分解为十四个任务编写而成。

本书突破传统高等职业教育的教材体系，体现以行动为导向的教、学、做一体化，充分突出高等职业教育的特点，对学习内容有明确的目标性与指导性。

本书适用于高职高专建筑材料类、环境类以及相关专业的课程教学，既可作为高校师生的参考用书，也可以作为相关人员的培训教材。

室内环境与检测

主　编　张　嵩　赵雪君
副主编　李　浩　李　卫
主　审　何家华

出版发行：中国建材工业出版社
地　　址：北京市西城区白纸坊东街 2 号院 6 号楼
邮　　编：100054
经　　销：全国各地新华书店
印　　刷：北京雁林吉兆印刷有限公司
开　　本：787mm×1092mm　1/16
印　　张：10.75
字　　数：268 千字
版　　次：2015 年 1 月第 1 版
印　　次：2024 年 7 月第 6 次
定　　价：46.00 元

本社网址：www.jccbs.com.cn　　微信公众号：zgjcgycbs
本书如有印装质量问题，由我社事业发展中心负责调换，联系电话：(010) 63567692

编写委员会

主　编　张　嵩　赵雪君

副主编　李　浩　李　卫

主　审　何家华

参　编　张　虹　张世玲

　　　　龚晓莹　杨海燕

前　　言

高等职业教育以适应社会需要为目标，以培养技术应用能力为主线来设计学生的知识、能力、素质结构和培养方案。通过与从事室内环境相关的检测公司与技术人员的经验技术交流，本书在编写过程中以行动为导向，强调理论教学和实践训练并重，力求培养学生具有直接上岗工作的能力。

本书是以《民用建筑工程室内环境污染控制规范》(GB 50325—2010，2013 年版)、《室内空气质量标准》(GB/T 18883—2002)、《环境空气质量标准》(GB 3095—2012) 等为依据，结合专业核心课程教学改革、创新职业技术人才培养模式课程改革编写的。教材是教学活动的媒介和载体，也是开展教学活动的主要依据，要改变灌输式、理论与实践分离的教学模式，就要通过教材的改革逐步将教学的形式转变为以学生为主体，理论实践一体化，结合专业知识，提高专业技能。

室内环境（包括住宅、办公室、各种室内公共场所）是人们接触时间最长、最为密切的环境，对室内环境污染程度的检测可以及时、准确、全面地反映室内环境质量现状及发展趋势，为室内环境管理、污染源控制、室内环境规划、室内环境评价提供科学依据，有效地保护人体健康。全书分为两大部分，第一部分基础知识篇，对室内环境、室内空气污染及危害、室内环境检测依据及采样进行介绍。第二部分检测技能篇，将检测工程分为四个检测项目，项目 1 为有机污染物的检测，包括甲醛、苯、TVOC、苯并芘四个检测任务；项目 2 为无机污染物的检测，包括一氧化碳、二氧化碳、二氧化氮、二氧化硫、氨、臭氧六个检测任务；项目 3 为可吸入颗粒物的检测，包括 PM10、PM2.5 两个检测任务；项目 4 为其他污染物的检测，包括菌落总数、氡两个检测任务。

参与本教材编写工作的人员有（姓氏拼音字母为序）：龚晓莹、李浩、李卫、杨海燕、张虹、张世玲、张嵩、赵雪君。本书由张嵩、赵雪君担任主编，张嵩负责全书框架设计、统稿工作；由李浩、李卫担任副主编。

本书由云南锐索建筑工程质量检测公司何家华主审，对全书进行了认真仔细的审阅，谨在此表示诚挚的感谢。本书在编写及出版过程中得到锐索检测公司及中国建材工业出版社等相关单位的大力支持，在此一并表示衷心的谢意。

由于编写人员水平有限加之时间仓促，在编写过程中难免有错漏之处，欢迎读者批评与指正。

编　者

2015 年 1 月

目　录

上篇　基础知识篇

基础知识1　室内环境

学习提示

了解环境的定义范围，环境与人类发展之间的关系，关注环境问题的意义，在此基础上了解室内环境，室内环境与人体健康之间的关系以及国家对室内环境的重视。

室内环境是后期学习的基础，学习过程中应注重对相关概念、理论的重视。建议本部分2个学时完成。

1. 环境

（1）环境的概念

环境（environment）是指周围所在的条件，对不同的对象和学科来说，环境内容的不同，是相对于某一中心事物而言的。环境因中心事物的不同而不同，随中心事物的变化而变化，围绕中心事物的外部空间、条件和状况，构成中心事物的环境。

① 对生物学来说，环境是指生物生活周围的气候、生态系统、周围群体和其他种群。

② 对文学、历史和社会科学来说，环境指具体的人生活周围的情况和条件。

③ 对建筑学来说，环境是指室内条件和建筑物周围的景观条件。

④ 对企业和管理学来说，环境指社会和心理的条件，如工作环境。

⑤ 从环境保护的宏观角度来说，环境就是人类的地球家园。

（2）环境与人类

《中华人民共和国环境保护法》明确指出："本法所称环境，是指影响人类生存和发展的各种天然的和经过人工改造的自然因素的总体，包括大气、水、海洋、土地、矿藏、森林、草原、野生动物、自然遗迹、人文遗迹、自然保护区、风景名胜区、城市和乡村等。"其中，"影响人类生存和发展的各种天然的和经过人工改造的因素的总体"就是环境的科学而又概括的定义。它有两层含义：第一，环境法所说的环境，是指以人为中心的人类生存环境，关系到人类的毁灭与生存；同时，环境又不是泛指人类周围的一切自然的和社会的客观事物整体。环境保护所指的环境，是人类赖以生存的环境，是作用于人类并影响人类未来生存和发展的外界的一个实施体。第二，随着人类社会的发展，环境概念也在发展。如现阶段没有把月球视为人类的生存环境，但随着宇宙航行和空间科学的发展，月球将有可能会成为人类生存环境的组成部分。所以，通常我们所称的环境就是指与人类生活相关的环境，主要就是指自然环境与人文环境。

① 自然环境，就是原生环境，指未经过人的加工改造而天然存在的，是客观存在的各种自然因素的总和。人类生活的自然环境，按要素又可分为大气环境、水环境、土壤环境、地质环境和生物环境等，主要是指地球的五大圈——大气圈、水圈、土圈、岩石圈和生物圈。

和人类生活关系最密切的是生物圈，原始人类依靠生物圈获取食物来源，人类和其他动物基本一样，在整个生态系统中占有一席位置。但人类会使用工具，会用有限的食物维持日益壮大的种群，因此人类占有优势的地位。在人类长期的发展历程中，创造了以改善人类生活为中心的人工生态系统。

② 人文环境，就是次生环境，是人类为了提高物质和文化生活，在自然环境的基础上，经过人类劳动改造或加工的物质的、非物质的成果的总和。物质的成果指文物古迹、绿地园林、建筑部落、器具设施等；非物质的成果指社会风俗、语言文字、文化艺术、教育法律以及各种制度等。这些成果都是人类的创造，具有文化烙印，渗透人文精神。人文环境反映了一个民族的历史积淀，也反映了社会的历史与文化，对人的素质提高起着培育熏陶的作用。

自然环境和人文环境是人类生存、繁衍和发展的摇篮。根据科学发展的要求，保护和改善环境，建设环境友好型社会，是人类维护自身生存与发展的需要。

（3）环境问题

环境问题，是由于人类活动作用于周围环境所引起的环境质量变化，以及这种变化对人类的生产、生活和健康造成的影响。人类在改造自然环境和创建社会环境的过程中，自然环境仍以其固有的自然规律变化着。社会环境一方面受自然环境的制约，另一方面又以其固有的规律运动着。人类与环境不断地相互影响和作用，产生环境问题。

环境问题多种多样，归纳起来有两大类：一类是自然演变和自然灾害引起的原生环境问题，也称第一环境问题，如火山活动、地震、风暴、海啸等引发的自然灾害。一类是人类活动引起的次生环境问题，也称第二环境问题（一般又分为环境污染和环境破坏两大类），目前所说的环境问题一般是指次生环境问题。在人类生产、生活活动中产生的各种污染物（或污染因素）进入环境，超过了环境容量的容许极限，使环境受到污染和破坏；人类在开发利用自然资源时，超越了环境自身的承载能力，使生态环境质量恶化，有时候会出现自然资源枯竭的现象，这些都可以归结为人为造成的环境问题。并且随着人类社会科技的发展，人类活动已经延伸到地球之外的外层空间，造成目前有大量垃圾废物在外层空间围绕地球的轨道运转，大至火箭残骸，小至空间站宇航员的排泄物，严重影响对外空的观察和卫星的发射。人类对环境的影响与破坏已经超出了地球的空间范围。

环境的重要性是不可估量的，一旦环境受到污染将会对与它赖以生存的事物造成影响，环境污染还会衍生出许多环境连锁效应。随着经济的发展，具有全球性影响的环境问题日益突出，不仅发生了区域性的环境污染和大规模的生态破坏，而且出现了温室效应、臭氧层破坏、全球气候变化、酸雨、物种灭绝、土地沙漠化、森林锐减、越境污染、海洋污染、野生物种减少、热带雨林减少、土壤侵蚀等大范围、全球性的环境危机，严重威胁着全人类的生存和发展。中国非常重视环境保护立法工作，《中华人民共和国宪法》明确规定："国家保护和改善生活环境和生态环境，防治污染和其他公害。"1979 年，全国人民代表大会常务委员会通过并颁布了《中华人民共和国环境保护法（试行）》。自1982年开始，全国人民代表大会常务委员会先后通过了《中华人民共和国海洋环境保护法》、《中华人民共和国水污染防治法》和《中华人民共和国大气污染防治法》。1989年，第七届全国人民代表大会常务委员会第十一次会议通过了《中华人民共和国环境保护法》，并于2014年4月24日第十二届全国人民代表大会常务委员会第八次会议进行了修订，《环境保护法修订案（草案）》历经四次审议，最终定稿。这部法律增加了政府、企业各方面责任和处罚力度，被专家称为“史上最严的环保法”。修订后的环保法加大了惩治力度：“企业事业单位和其他生产经营者违法排放污染物，受到罚款处罚，被责令改正，拒不改正的，依法作出处罚决定的行政机关可以自责令更改之日的次日起，按照原处罚数额按日连续处罚。”修订后的《中华人民共和国环境保护法》于2015年1月1日起施行。修订后的法律对保护和改善环境，保障民众健康，推进生态文明建设，促进经济社会可持续发展具有重要意义。

2. 室内环境概述

《韩非子·五蠹》：“上古之世，人民少而禽兽众，人民不胜禽兽虫蛇，有圣人作，构木为巢，以避群害。”在原始社会中，人类的祖先为了防止野兽的侵袭，为了能够遮风避雨，从建造穴居和巢居开始，满足了最基本的居住和公共活动的需要，这也许是最早的室内的概念。室内出现的最初目的是出于对安全的需求，随着人类社会的不断发展，人们对室内环境的要求也越来越高，要求室内环境更加舒适、安全、完善。

室内环境是相对于室外环境而言的，是指人类为满足生产、生活的需要，采用天然材料或人工材料围隔而成的，与外界大环境相对分隔而形成的人工小环境，它是供我们进行正常学习、工作、休息和各项生活活动而免受室外自然因素及其他因素干扰的人工环境。就是说室内环境并不局限于人们居住的空间，而是包括日常工作生活的所有室内空间，包括办公室、会议室、教室、医院诊疗室、旅馆、影剧院、图书馆、商店、体育场馆、健身房、舞厅、候车候机室等各种室内公共场所，以及民航飞机、汽车、客运列车等相对封闭的各种交通工具内。健康的室内环境主要是指无污染、无危害、有助于人们身体健康的室内环境。

（1）绿色建筑与室内环境

建筑是提供我们从事各类生产、生活活动的室内空间的物质基础，建筑本身的安全性就关系到室内环境的安全，同时建筑物本身是能耗和碳排放大户，占比超过1/3，所以绿色建筑是可持续发展的必然要求，同时也是提供安全、舒适的室内环境的保证。

根据《绿色建筑评价标准》（GB/T 50378—2014），绿色建筑是指在建筑的全寿命周期内，最大限度地节约资源（节能、节地、节水、节材）、保护环境和减少污染，为人们提供健康、适用和高效的使用空间及与自然和谐共生的建筑。从概念上来讲，绿色建筑主要包含了三点内涵：一是节能；二是保护环境，强调的是减少环境污染，减少二氧化碳排放；三是满足人们使用上的要求，为人们提供“健康”“适用”和“高效”的使用空间。

绿色建筑的“绿色”，并不是指一般意义的立体绿化、屋顶花园，而是代表一种概念或象征，指建筑对环境无害，能充分利用自然环境资源，并且在不破坏环境基本生态平衡的条件下建造的一种建筑，又可称为可持续发展建筑、生态建筑、回归大自然建筑、节能环保建筑等。

绿色建筑并不是一定要采用高新技术，它可以利用常见的健康材料向人们提供一个清洁而舒适的室内环境，达到居住环境和自然环境的协调统一。

（2）室内环境与人体健康

室内环境是人们接触最频繁、最密切的外环境之一。人们有80%以上的时间是在各种室内环境中度过的，因此室内空气质量的优劣将直接影响到每个人的健康。继“煤烟型”和“光化学烟雾型”污染后，现代人正进入以“室内空气污染”为标志的第三次污染时期，室内空气污染问题已经成为许多国家极为关注的环境问题之一。据美国环保总局对各种建筑物室内空气连续5年监测结果表明，迄今已在室内空气中发现有数千种化学物质，其中某些有毒化学物质含量比室外绿化区多20倍。室内空气污染的严重程度是室外空气的2～3倍，在某些情况下，甚至可达100多倍。越来越多的研究表明，室内污染物种类逐步增多，其中化学物污染尤为严重，污染物来源广，对人体的健康已造成威胁。

随着人们生活水平的提高，通风空调系统、新型建筑及装饰材料、家具、办公设备和家用电器等大量进入人们的日常工作和生活中，这是形成室内空气污染最重要的“隐形杀手”，室内空气污染危害人体健康，对儿童的健康影响尤为严重。北京市儿童医院从2004年开始，对白血病患儿进行了家庭居住环境调查，发现9/10的小患者家中半年之内曾经装修过，而且大多是豪华装修。全世界每年有30万人因为室内空气污染而死于哮喘病，其中35%为儿童。

为了控制室内空气质量，保障人们的身心健康，近年来我国有关部门制定了一些与室内空气质量有关的标准。1995年制定了《居室空气中甲醛的卫生标准》（GB/T 16127—1995），2001年由国家质量技术监督检验总局发布了《民用建筑工程室内环境污染控制规范》（GB 50325—2001，2013年版），2002年1月1日开始实施，这是我国建筑工程控制规范中首次涉及室内空气污染控制。随着社会发展，在原GB 50325—2001，2013年版基础上修订完成了《民用建筑工程室内环境污染控制规范》（GB 50325—2010，2013年版）为国家标准，自2011年6月1日起实施，原GB 50325—2001，2013年版同时废止。2002年12月，根据国务院领导指示，国家质量监督检验检疫总局、卫生部和国家环保总局制定了《室内空气质量标准》（GB/T 18883—2002），并发布实施。自2001年开始陆续发布实施了一系列《室内装饰装修材料》国家标准，对各类室内材料中的有害物质强制限量。

3. 民用建筑的“环境分类”

民用建筑工程根据控制室内环境污染的不同要求，划分为以下两类：

Ⅰ类民用建筑工程：住宅、医院、老年建筑、幼儿园、学校教室等民用建筑工程；

Ⅱ类民用建筑工程：办公楼、商店、旅馆、文化娱乐场所、书店、图书馆、展览馆、体育馆、公共交通等候室、餐厅、理发店等民用建筑工程。

基础知识 2　室内空气污染及危害

学习提示

了解室内空气质量中室内空气品质与室内环境品质的概念，对室内空气污染物的来源、主要污染物及其危害有一定的理解及掌握并了解室内空气污染的特点。

了解室内空气污染及危害对树立学习室内环境与检测的目的尤其重要，理解了室内空气污染及其对人体的危害才能够对室内环境有足够的重视。学习过程中加强与实际现实情况相联系有助于对本部分的理解及掌握。建议本部分 2 个学时完成。

1. 室内空气质量

因室内空气质量问题导致的人体健康问题出现得越来越多，室内空气质量安全目前已经成为继食品安全之后的第二大受公众关注的焦点问题，国家针对室内空气质量的标准规范也正在不断完善，全社会对室内环保的意识得到了提高。

（1）室内空气品质　IAQ（Indoor Air Quality）

对室内空气品质的定义随着社会的发展也逐步完善。最初，IAQ 等价为一系列污染物浓度指标。这是一个纯客观的概念，缺乏对人体感受的影响的测量，因为浓度过低，难以准确测量。

丹麦工业大学 P. O. Fanger 的定义（1989）：室内空气品质反映了人们要求的程度，如果人们对空气满意，就是高品质；反之，就是低品质。这是从纯主观感受出发，但无色无味成分难以短期评价。

ASHRAE Standard 62—1999 的定义：空气中是否有已知的污染物达到公认的权威机构所确定的有害浓度指标，同时，处于这种空气中的绝大多数人（≥80%）对此是否表示不满意。这是主观感受与客观评价相结合的定义。

（2）室内环境品质　IEQ（Indoor Environmental Quality）

室内环境品质是由美国国家居住安全与健康研究所（National Institute for Occupational Safety and Health）提出的比室内空气品质内涵更广的一个概念，是指室内空气品质、舒适度、噪声、照明、社会心理压力、工作压力、工作区背景等因素对室内人员生理和心理上的单独和综合的作用。

2. 室内空气污染来源及危害

室内空气污染是指在室内空气正常成分之外，又增加了新的成分，或原有的成分增加，其数量、浓度和持续时间超过了室内空气的自净能力，而使空气质量发生恶化，对人们的健康和精神状态、生活、工作等方面产生负面影响的现象。

人一天呼吸约 10～15m^3 空气，其中 80%～95%都是室内空气，按空气的密度换算，空气约重 1.293kg/m^3，相当于人每天呼吸接近 20kg 重的空气。室内空气中的污染绝大多数是肉眼看不见的，往往比人的细胞还小，可以通过呼吸直接进入血液，人体最小细胞约 2.5μm，而细菌，重金属颗粒普遍比 1μm 还小。人类 68％的疾病直接或间接与空气污染有关，关注室内空气品质的同时就是关注我们自身的健康。绝大多数人们有超过 90％的时间是在室内环境中度过的，经抽样调查，人所处环境的时间比例见图 1-2-1，因此，室内空气环境比室外还重要。

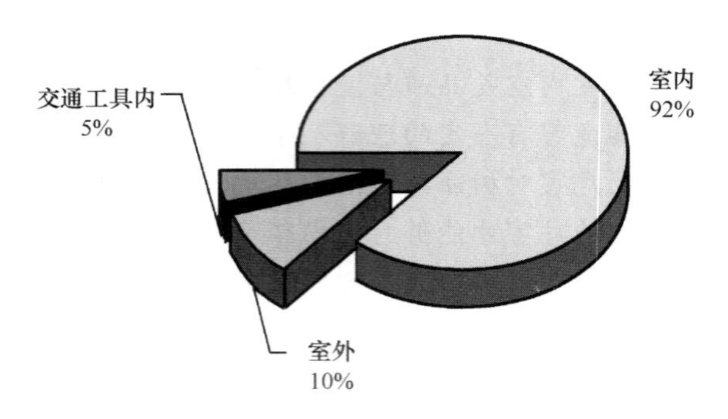

图 1-2-1　人所处环境时间比例

（1）室内空气质量下降的原因

造成室内空气质量下降的原因有很多，造成室内空气质量下降的主要原因包括以下几个方面：

① 强调节能导致的建筑密闭性增强和新风量减少；

② 新型合成材料在现代建筑中大量应用；

③ 散发有害气体的电器产品的大量使用；

④ 传统集中空调系统的固有缺点以及系统设计和运行管理的不合理；

⑤ 厨房和卫生间气流组织不合理；

⑥ 室外空气污染。

（2）室内空气污染物来源

室内空气质量下降，按造成室内空气污染物的来源分类，主要有以下几个方面：

① 建筑材料

建筑材料是构成建筑物的物质基础，其健康性能是建筑物使用价值的一个重要因素，不良建筑材料对室内环境的影响因素主要表现为形成放射性元素的污染。建筑材料中的石材、水泥、砼及石膏等，特别是含放射性元素的天然石材，最容易释放出氡。氡通常的单质形态是氡气，为无色、无嗅、无味的惰性气体，具有放射性，当吸入体内后，氡发生衰变的 α 粒子会对人体的呼吸系统造成辐射损伤，诱发肺癌和支气管癌。若长期处于高含量的氡环境中，还会对人的血液循环系统造成危害，如白细胞和血小板减少，严重的还会导致白血病。

② 装修材料及家具

室内环境是由建筑材料和装修材料所围合的与外环境隔开的空间，大量研究表明，引起室内空气污染的主要原因是由于建筑装饰、装修过程中使用了不良材料，不良装饰、装修材料主要产生化学类污染物。同时，家具是室内必不可少的组成部分，生产家具的材料及辅助材料都会对室内空气环境产生影响，包括人造板和人造板家具、粘合剂。

人造板在生产过程中需加入大量粘合剂、防腐剂等，使用过程中会释放出甲醛、苯、五氯苯酚等。粘合剂分为天然粘合剂和合成粘合剂，合成粘合剂在使用时可以挥发出大量有机污染物，主要有酚、甲酚、甲醛、乙醛、苯乙烯、甲苯、乙苯、丙酮、二异氰酸盐、乙烯醋酸酯、环氧氯丙烷等。

涂料的成分非常复杂，含有很多有机化合物，在使用过程中会释放出大量的甲醛、氯乙烯、苯、氯化氢、酚类等有害气体。涂料所使用的溶剂也是污染室内空气的主要来源，溶剂挥发时向空气中释放大量的苯、甲苯、二甲苯、乙苯、丙酮、醋酸丁酯、乙醛、丁醇、甲酸等50多种有机物，还可能含有砷、铅、汞、锰等重金属物质成分。

除此之外，室内装饰材料还包括壁纸、地毯。纯羊毛地毯和壁纸的细毛绒是一种致敏源。化纤壁纸在使用过程中，可向室内释放大量的有机物，如甲醛、氯乙烯、苯、甲苯、二甲苯、乙苯等。化纤地毯可向空气中释放甲醛、苯、五氯苯酚等有害物质。

家电及现代办公设备产生的噪声、电磁波等带来的室内污染已逐步上升，特别是空调房内形成一个封闭的循环系统，易使室内的细菌、病毒、霉菌等大量繁衍。

③ 人的活动

人在室内环境中所进行的各种活动也对室内空气环境产生影响，如厨房中的煤气（管道煤气）、液化石油气、天然气主要的燃烧产物是CO_2、CO、NO_x（氮氧化合物）和颗粒物，如果制气过程中脱硫不充分，则燃烧产物还会含有一定量的SO_2。烹饪过程中产生的油烟是一种混合性污染物，含有200多种成分，其中含有多种致突变物质。

同时，人本身就是室内某些污染物的来源，由于人们的生理活动（呼吸作用）可以向周围环境释放很多污物（CO_2、CO、代谢废气等）。人体如果吸收了某些挥发性有机化合物或无机毒物，也会呼出这些毒气的部分原形态或其他代谢产物。代谢产物除了通过呼吸作用还可以通过皮肤汗腺排出，如尿素、氨等，说话、打喷嚏、咳嗽也能将口腔、咽喉、肺部的病原微生物喷入空气中。在室内环境中吸烟产生的烟气中含有多环芳烃、CO、NO_x、甲醛等多种致癌物质。

④ 室外污染物

室内空气受室外环境空气质量影响，如周围的工厂、附近的交通要道、周围的大小烟囱、分散的小型炉灶、局部臭气污染源等。当室外空气受到污染后，有害气体可以通过门窗直接进入室内污染室内空气。

如果建筑下土壤或房基地含有较高的放射性物质，或受到工业废弃物、农药、生物废弃物污染后，产生有害气体可以通过缝隙进入室内，这些有害物质的分布特点是越靠近地面的空气中，浓度越高，受害越重。所以地下室或一楼污染较重，楼层越高污染越小。

（3）室内空气主要污染物及危害

室内空气污染来源多、成分复杂，对健康的危害严重。据统计，35.7%的呼吸道疾病，22%的慢性肺病和15%的气管炎、支气管炎和肺癌是由室内环境污染所引起，室内空气污染已经成为对公众健康危害最大的五种环境因素之一。来自我国的检测数据表明，近年来我国化学性、物理性、生物性污染都在增加。我国每年由室内空气污染引起的超额死亡可达11.1万人，超额门诊数22万人，超额急诊数430万人，严重的室内空气污染也造成了巨大的经济损失。造成室内空气环境污染的主要污染物是以下四大类。

① 有机污染物

甲醛：咽喉不适、头痛，恶心、呕吐、咳嗽、气喘，引发鼻咽癌、喉头癌等疾病，甚至死亡。

苯系物：达到一定浓度时对眼和上呼吸道黏膜产生刺激，引起疲劳、乏力、头晕、头痛、失眠及记忆力衰退、急慢性中毒等。

TVOC（总挥发性有机化合物）：引起嗅觉不舒适，感觉性刺激，引起不适、头痛等。

苯并芘：高活性致癌剂但并非直接致癌物，引起心血管疾病。

② 无机污染物

一氧化碳：CO 中毒，头痛、头昏、嗜睡、恶心、呕吐、神经损伤、心律失常、昏迷甚至死亡。

二氧化碳：低浓度的二氧化碳可以兴奋呼吸中枢，使呼吸加深加快。高浓度的二氧化碳可以抑制和麻痹呼吸中枢，症状有头痛、胸闷、乏力、呼吸困难，如情况持续，就会出现嗜睡、昏迷、瞳孔散大、血压下降甚至死亡。

二氧化氮：会减少体内抗胰蛋白酶的活化，产生相应的负面效应，对肺组织有刺激和腐蚀作用，影响肺功能，使呼吸频率加快，肺顺应性降低。

二氧化硫：刺激呼吸道收缩，使气管和支气管腔变窄，气道阻力增加，肺功能降低，导致慢性鼻炎、咽炎、慢性支气管炎、支气管哮喘及肺气肿。

氨：减弱人体抵抗力。

臭氧：主要源于复印机等办公设备及室外的污染空气，是一种强氧化剂，作用于终末细支气管和肺泡，损伤细支气管纤毛细胞的肺泡上皮细胞，引起眼、鼻、喉的刺激症状。

③ 可吸入颗粒物

可吸入颗粒物对人体健康影响最大的是粒径较小的 PM10 和 PM2.5，可以吸附各种气态、固态、液态化合物，形成混合气溶胶，还会吸附很多病原微生物，它们的危害作用程度取决于它在呼吸系统的作用部位和滞留量及其携带的化学物质成分，其中 PM2.5 会沉积于肺深部。

④ 其他污染物

生物性污染物：引起人体过敏性反应，哮喘、鼻炎，引起空气传播的机会感染，还是潜在的刺激物或毒素。

氡：伤害呼吸器官，造成呼吸系统疾病，重者导致肺癌。

3. 室内空气污染的特点

室内空气污染对人体健康危害有以下特征：

（1）室内环境污染物排放频率高、周期长

甲醛具有较强的粘合性，有加强板材的硬度、防虫、防腐功能。所以用作室内装修材料的人造板及使用的胶粘剂是以甲醛为主要成分的脲醛树脂，而板材中残留的与未参加反应的甲醛会逐渐不停地从材料的孔隙中释放出来。据日本横滨大学研究表明，室内板材中的甲醛其释放期为 3～15 年。

（2）人体对室内环境污染物的接触时间长、累积影响大

室内环境是人们生活、工作的主要场所。一天 24 小时中，在居室及室内工作场所的时

间可达 12 小时以上，而家庭妇女、婴幼儿、老残病弱者在室内的时间则更长。人的一生中至少有一半时间在室内度过，这样长时间暴露在有污染的室内环境中，污染物对人体作用不但时间长，而且累积的危害就更为严重。

（3）室内环境污染物浓度比室外高、受害程度比室外高

室内空间与室外空间相比是一个相对封闭的小空间环境，这不利于空气中污染物质的扩散，反而会因室内污染物无法扩散，积累在室内造成室内空气污染程度不断地加重。

美国一个历时 5 年的专题调查发现，许多民用与商业建筑的室内空气污染程度比室外高 2～5 倍，有的甚至超过 100 倍。1994 年，我国有关部门在一次调查中发现，城市室内空气污染程度比室外严重，有的超过室外 56 倍之多，受害程度也比室外严重。

（4）室内环境污染物来源广、种类多

室内污染物来源有建筑物自身的污染、室内装饰装修材料及家具材料的污染，有家电办公器物的污染，有厨房厕所浴室所带来的污染，而人本身也是一个大污染源。污染物的种类有物理的、化学的、生物的、放射性的，种类繁多。

基础知识3　室内环境检测依据及采样

学习提示

了解室内空气检测的相关概念，了解室内空气检测目的与要求，理解室内空气检测的相关标准及各标准之间的区别，能够根据情况正确的选用相关标准作为检测依据。对各种标准有一定了解，掌握室内空气采样的相关知识、方法。

本部分是进行检测技能学习的基础，对检测技能的学习有支撑作用，学习过程中应注意对相关标准、规范的掌握，重视对采样技术部分的学习。建议本部分4个学时完成。

1. 室内环境检测

（1）室内环境检测定义

室内环境检测是指针对室内建材、装饰材料、家具等含有的对人体有害的物质释放到家居、工作等室内环境中造成室内空气污染，运用现代科学技术方法以相应的形式定量地测定环境因子及有害于人体健康的室内空气污染物的浓度变化，观察并分析其影响过程与程度的室内空气检测活动。

（2）室内环境检测目的与要求

① 目的

为了及时、准确、全面地反映室内环境质量现状及发展趋势，并为室内环境管理、污染源控制、室内环境规划、室内环境评价提供科学依据，这是进行室内检测的目的。具体可以概括为：第一，根据检测结果，依据室内环境质量标准，评价室内环境质量；第二，根据污染物的深度分布、发展趋势和速度，追踪污染源，为实施室内环境检测和控制污染提供科学依据；第三，根据检测资料，为研究室内环境容量，实施总量控制、预测预报室内环境质量提供科学依据；第四，为制定、修订室内环境标准、室内环境法律和法规提供科学依据。

② 要求

代表性：检测所进行的采样时间、采样地点及采样方法等必须符合有关规定，使采集的样品能够真实地反映整体情况。

完整性：主要强调检测计划的实施应当完整，即必须按计划保证采样数量和测定数据的完整性、系统性和连续性。

可比性：要求实验室之间或同一实验室对同一样品的测定结果相互可比。

准确性：测定值与真实值的符合程度。

2. 室内环境检测的必要性

（1）检测的必要性

世界银行估计，中国每年因室内空气污染所造成的经济损失约32亿美元，另据国际有关组织调查统计，世界上30%的建筑物中存在有害于健康的室内空气，这些有害气体已经引起全球性的人口发病率和死亡率的增加。

我国为了保障民用建筑工程室内环境能够达到基本健康条件，制定了相关法律、规范，在对民用建筑工程项目进行竣工验收时，必须提供室内环境检测报告作为验收的必备资料之一。民用建筑工程及室内装修工程按照现行国家规范要求，在工程完工至少7d以后、工程交付使用前对室内环境进行质量检测，检测工作由建设单位委托经有关部门认可的第三方检测机构进行，并出具室内环境污染物浓度检测报告，也就是说在民用建筑工程验收时对室内环境进行检测是强制性的要求。

（2）学习的必要性

长期处于污染的室内环境中，大多数人会出现不适感，例如头痛、胸闷、易疲劳、烦躁、皮肤过敏等反应，世界卫生组织将此种现象称为“致命建筑物综合症”。社会各界对生活的健康水平、安全性、环境保护等方面要求的不断提高，以及检测技术的不断进步，这都持续的推动检测行业不断发展壮大。从长远发展趋势来看，结合建筑材料的特性分析，检测市场将逐渐从强制计划检测发展到个体需求的检测，这将进一步增加对检测人才的需求。

2013年，全球检验认证市场规模约1300亿美元，近10年行业增长近10%；中国市场已成为仅次于欧盟和美国的全球第三大检验认证市场，未来年均增速在15%以上，远超全球平均水平，是众多国际机构看重的关键市场。

室内环境检测以及治理是一项技术性很强的行业，而目前室内环境检测、治理的相关技术人员、管理人员、经理人才相对比较缺乏。无论是市场运作，还是检测标准、检测流程、行业的职业特点，以及治理产品或施工方法都要从头开始。而进行系统的专业学习是最有效的途径。

3. 检测浓度表示方式

（1）气体浓度表示

对于室内环境空气中的污染物，常用体积浓度和质量-体积浓度来表示其在空气中的含量。

① 体积浓度

体积浓度是指每立方米的大气中含有污染物的体积数，单位cm^3/m^3（立方厘米/立方米）、mL/m^3（毫升/立方米），常用ppm、ppb或ppt进行表示，其中ppm（parts per million,百万分之一）是指在100万气体体积中含有污染气体物质的体积数，即$1ppm=1cm^3/m^3=10^{-6}$。还有ppb和ppt，它们之间的关系是：

$1ppm=10^{-6}$＝百万分之一，$1ppb=10^{-9}$＝十亿分之一，$1ppt=10^{-12}$＝万亿分之一，$1ppm=10^3ppb=10^6ppt$。

② 质量-体积浓度

以单位体积内所含污染物的质量数表示，常用的单位有mg/L（毫克/升）、mg/m^3（毫克/立方米）、μg/m³（微克/立方米），简称质量浓度，它们的关系是：$1mg/L=10^3mg/m^3=10^6\mu g/m^3$。

质量-体积浓度与 ppm 的换算关系是：

$$X=\frac{M\times C}{22.4}$$

$$C=\frac{22.4\times X}{M}$$

式中　X——污染物以每标立方米的毫克数表示的浓度值，mg/m^3；

C——污染物以 ppm 表示的浓度值；

M——污染物的分子量。

例 1： 求在标准状态下，$30mg/m^3$ 氟化氢的 ppm 浓度。

解： 氟化氢的分子量为 20

则
$$C=\frac{30\times 22.4}{20}=33.6ppm$$

例 2： 已知大气中二氧化硫的浓度为 5ppm，求以 mg/m^3 表示的浓度值。

解： 二氧化硫的分子量为 64

则
$$X=\frac{5\times 64}{22.4}=14.3mg/m^3$$

（2）溶液浓度表示

在检测操作过程中，经常要用到各种溶液、试剂配合进行检测，溶液浓度可分为质量浓度（如质量百分浓度）、体积浓度（如摩尔浓度、当量浓度）和质量—体积浓度三类。

① 质量浓度

溶液的浓度用溶质的质量占全部溶液质量的百分率表示的称为质量百分浓度，用符号％表示。例如，25％的葡萄糖注射液就是指 100g 注射液中含葡萄糖 25g。

$$质量百分浓度（\%）=\frac{溶质质量}{溶液质量}\times 100\%$$

② 体积浓度

a. 摩尔浓度

溶液的浓度用 1L 溶液中所含溶质的摩尔数来表示的叫摩尔浓度，用符号 mol/L 表示（现在统一使用 mol/L 而不使用 mol，以防单位和物理量符号的混淆）。例如，1L 浓硫酸中含 18.4mol 的硫酸，则浓度为 18.4mol/L。

摩尔浓度＝溶质摩尔数/溶液体积(L)

b. 当量浓度

溶液的浓度用 1L 溶液中所含溶质的克当量数来表示的叫当量浓度，用符号 N 表示。例如，1L 浓盐酸中含 12.0g 当量的盐酸（HCl），则当量浓度为 12.0N（反向判断亦然）。

当量浓度＝溶质的克当量数/溶液体积(L)

③ 质量-体积浓度

用单位体积（$1m^3$ 或 1L）溶液中所含的溶质质量数来表示的浓度叫质量-体积浓度，以符号 g/m^3（克/立方米）、mg/L（毫克/升）、mg/m^3（毫克/立方米）表示。

4. 室内环境检测依据

目前室内环境检测工作根据不同的服务对象和要求分别执行住房和城乡建设部制定的

《民用建筑工程室内环境污染控制规范》（GB 50325—2010，2013 年版）（以下简称 GB 50325），国家质量监督检验检疫总局、卫生部和国家环境保护总局共同颁布的国家标准《室内空气质量标准》（GB/T 18883—2002）（以下简称 GB/T 18883）。在其条文中都很明确地规定了测试数据的取样条件，检测方法和检测使用的仪器。但是，GB 50325 和 GB/T 18883 也是有着一定区别的。

（1）GB 50325 与 GB/T 18883 的区别

① 性质不同

GB 50325 是住房和城乡建设部发布的强制性标准，主要是从工程验收的角度出发，要求是在项目竣工后 1 个月以后监测，属工程标准。GB/T 18883 是国家环保总局和卫生部发布的国标推荐性标准，是一种指导性标准，属室内环境健康标准。

② 检测范围不同

GB 50325 主要规定了在建筑工程、装修工程方面最易引起污染的五个参数，可操作性强。GB/T 18883 是从保护人体健康的最低要求出发，将影响健康的物理参数和主要污染物全部纳入监测范围，系统全面。

③ 限量值不同

GB 50325 将限量值划分为以住宅为主的Ⅰ类建筑和以办公楼为主的Ⅱ类建筑，分别予以规定，见表 1-3-1。其中Ⅰ类民用建筑工程：住宅、医院、老年建筑、幼儿园、学校教室等；Ⅱ类民用建筑工程：办公楼、商店、旅馆、文化娱乐场所、书店、图书馆、展览馆、体育馆、公共交通等候室、餐厅、理发店等。

表 1-3-1　民用建筑工程室内环境污染物浓度限量（GB 50325—2010，2013 年版）

污染物		Ⅰ类民用建筑工程	Ⅱ类民用建筑工程
氡	(Bq/m³)	≤200	≤400
甲醛	(mg/m³)	≤0.08	≤0.1
苯	(mg/m³)	≤0.09	≤0.09
氨	(mg/m³)	≤0.2	≤0.2
TVOC	(mg/m³)	≤0.5	≤0.6

注：① 表中污染物浓度限量，除氡外均指室内测量值扣除同步测定的室外上风向空气测量值（本底值）后的测量值。

② 表中污染物浓度测量值的极限值判定，采用全数值比较法。

GB/T 18883 不对检测对象进行等级划分，采用统一的标准，见表 1-3-2。

表 1-3-2　室内空气质量标准（GB/T 18883—2002）

序号	参数类别	参数	单位	标准值	备注
1	物理性	温度	℃	22～28	夏季空调
				16～24	冬季采暖
2		相对湿度	%	40～80	夏季空调
				30～60	冬季采暖
3		空气流速	m/s	0.3	夏季空调
				0.2	冬季采暖
4		新风量	m³/（h·人）	30[1]	

续表

序号	参数类别	参数	单位	标准值	备注
5	化学性	二氧化硫 SO_2	mg/m^3	0.50	1h 均值
6		二氧化氮 NO_2	mg/m^3	0.24	1h 均值
7		一氧化碳 CO	mg/m^3	10	1h 均值
8		二氧化碳 CO_2	%	0.10	日平均值
9		氨 NH_3	mg/m^3	0.20	1h 均值
10		臭氧 O_3	mg/m^3	0.16	1h 均值
11		甲醛 HCHO	mg/m^3	0.10	1h 均值
12		苯 C_6H_6	mg/m^3	0.11	1h 均值
13		甲苯 C_7H_8	mg/m^3	0.20	1h 均值
14		二甲苯 C_8H_{10}	mg/m^3	0.20	1h 均值
15		苯并［a］芘 B（a）P	mg/m^3	1.0	日平均值
16		可吸入颗粒 PM10	mg/m^3	0.15	日平均值
17		总挥发性有机物 TVOC	mg/m^3	0.60	8h 均值
18	生物性	菌落总数	cfu/m^3	2500	依据仪器定
19	放射性	氡 ^{222}Rn	Bq/m^3	400	年平均值（行动水平[2]）

1　新风量要求不小于标准值，除温度、相对湿度外的其他参数要求不大于标准值。

2　达到此水平建议采取干预行动以降低室内氡浓度。

GB/T 18883 空气质量标准中求年平均至少采样 3 个月，日平均至少采样 18h，8h 平均至少连续采样 6h，1h 平均至少连续采样 45min。

④ 采样条件不同

对于两个标准中相同的五个检测对象，两个国标要求的检测方法一样，但规定的采样条件有较大差异。具体检测采样条件差异见表 1-3-6 室内空气采样技术要求。

从以上两个标准的区别中可以看出，在进行室内环境检测时应明确检测的目的。如果检测结果是用于建筑工程竣工验收或装饰装修工程的验收，应以 GB 50325 为准，因为在民用建筑工程室内环境污染控制方面，GB 50325 是对建筑商和装修商具有强制性的工程验收标准。如果是为了了解生活、工作环境的空气质量，以便采取必要措施时，可以 GB/T 18883 为标准，因为 GB/T 18883 实质上是一个健康人居环境的基本标准，目前对建筑开发商、装修商、家具商并没有强制约束力。

（2）标准的代号和编号

标准的代号和编号是标准的一大特征，我国的技术标准分为国家标准、行业标准、地方标准和企业标准四个级别。

① 国家标准

国家标准的代号由汉语拼音大写字母组成：强制性国家标准代号“GB”，推荐性国家标准代号“GB/T”。

国家标准的编号由国家标准的代号、国家标准发布的顺序号和国家标准发布的年号组成。

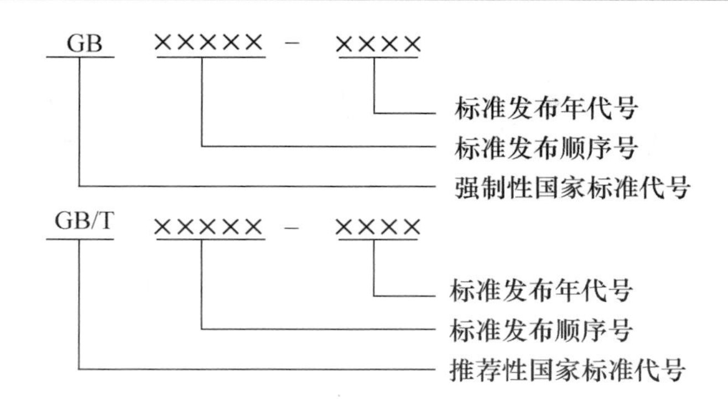

② 行业标准

行业标准的代号由汉语拼音大写字母组成，行业标准的编号由行业标准代号、标准发布顺序及标准发布年代号组成。由国务院各有关行政主管部门提出其所管理的行业标准范围的申请报告，国务院标准化行政主管部门审查确定并正式公布该行业标准代号。已正式公布的行业代号见表 1-3-3。

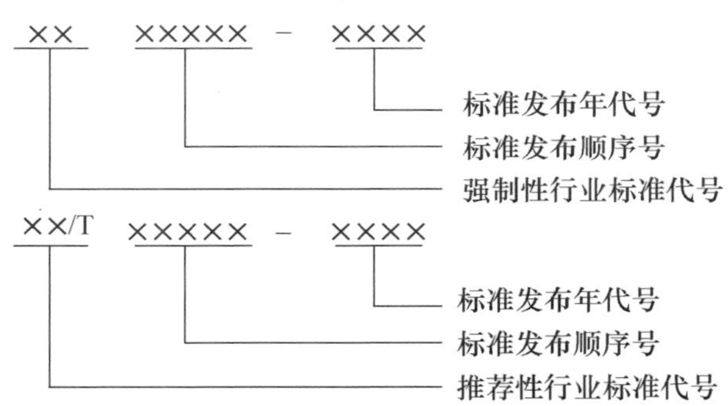

表 1-3-3　行业标准代号

序号	标准名称	标准代号	序号	标准名称	标准代号	序号	标准名称	标准代号
1	教育	JY	21	广播电影电视	GY	41	建筑工业	JG
2	医药	YY	22	铁路运输	TB	42	农业	NY
3	煤炭	MT	23	民用航空	MH	43	水产	SC
4	新闻出版	CY	24	林业	LY	44	水利	SL
5	测绘	CH	25	交通	JT	45	电力	DL
6	档案	DA	26	机械	JB	46	航空	HB
7	海洋	HY	27	轻工	QB	47	航天	QJ
8	烟草	YC	28	船舶	CB	48	旅游	LB
9	民政	MZ	29	通信	YD	49	商业	SB
10	地质安全	DZ	30	金融系统	JR	50	商检	SN
11	公共安全	GA	31	劳动安全	LD	51	包装	BB
12	汽车	QC	32	民工民品	WJ	52	气象	QX
13	建材	JC	33	核工业	EJ	53	卫生	WS
14	石油化工	SH	34	土地管理	TD	54	地震	DB
15	化工	HG	35	稀土	XB	55	外经贸	WM
16	石油天然气	SY	36	环境保护	HJ	56	海关	HS
17	纺织	FZ	37	文化	WH	57	邮政	YZ
18	有色冶金	YS	38	体育	TY			
19	黑色冶金	YB	39	物资管理	WB			
20	电子	SJ	40	城镇建设	CJ			

③ 地方标准

由“地方标准”汉语拼音大写字母“DB”加上省、自治区、直辖市行政区划代码(表 1-3-4)的前两位数字，再加上斜线 T 组成推荐性地方标准，不加斜线 T 为强制性地方标准。

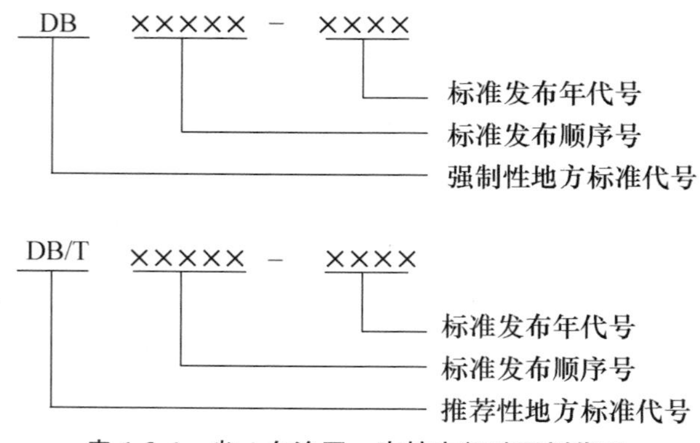

表 1-3-4　省、自治区、直辖市行政区划代码

名称	代码	名称	代码
北京市	110000	湖北省	420000
天津市	120000	湖南省	430000
河北省	130000	广东省	440000
山西省	140000	广西壮族自治区	450000
内蒙古自治区	150000	海南省	460000
辽宁省	210000	四川省	510000
吉林省	220000	贵州省	520000
黑龙江省	230000	云南省	530000
上海市	310000	西藏自治区	540000
江苏省	320000	重庆省	550000
浙江省	330000	陕西省	610000
安徽省	340000	甘肃省	620000
福建省	350000	青海省	630000
江西省	360000	宁夏回族自治区	640000
山东省	370000	新疆维吾尔自治区	650000
河南省	410000	台湾省	710000

④ 企业标准

企业标准的代号由汉语拼音大写字母“Q”加斜线再加企业代号组成，企业代号可用汉语拼音大写字母或阿拉数字或两者兼用所组成。企业代号按中央所属企业和地方企业分别由国务院有关行政主管部门或省、自治区、直辖市政府标准化行政主管部门会同同级有关行政主管部门加以规定。

企业标准一经制定颁布，即对整个企业具有约束性，是企业法规性文件，没有强制性企业标准和推荐企业标准之分。企业标准的编号由企业标准代号，标准发布顺序号和标准发布年代号组成。

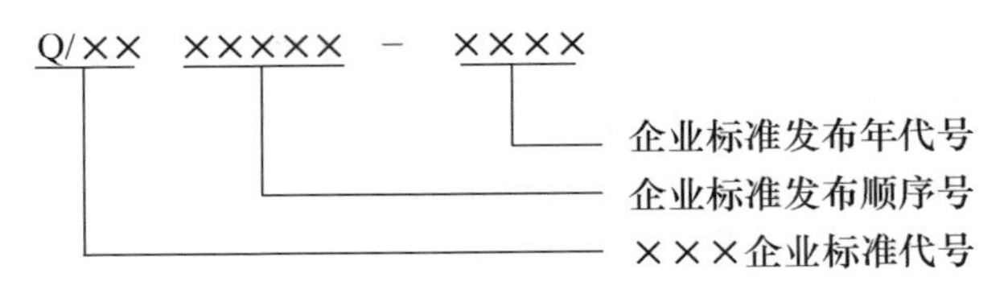

（3）标准的分级

《中华人民共和国标准化法》将标准划分为四个层次，即国家标准、行业标准、地方标准、企业标准。各层次之间有一定的依从关系和内在联系，形成一个覆盖全国又层次分明的标准体系。

① 国家标准

国家标准指对全国经济技术发展有重大意义，需要在全国范围内统一的技术要求所制定的标准。国家标准在全国范围内适用，其他各级标准不得与之相抵触。国家标准是四级标准体系中的主体。

② 行业标准

行业标准指对没有国家标准而又需要在全国某个行业范围内统一的技术要求所制定的标准。行业标准是对国家标准的补充，是专业性、技术性较强的标准。行业标准的制定不得与国家标准相抵触，国家标准公布实施后，相应的行业标准即行废止。

③ 地方标准

地方标准指对没有国家标准和行业标准而又需要在省、自治区、直辖市范围内统一工业产品的安全、卫生要求所制定的标准，地方标准在本行政区域内适用，不得与国家标准和行业标准相抵触。国家标准、行业标准公布实施后，相应的地方标准即行废止。

④ 企业标准

企业标准指企业所制定的产品标准和在企业内需要协调、统一的技术要求和管理、工作要求所制定的标准。企业标准是企业组织生产，经营活动的依据。

这是按等级顺序，如果按标准的"要求"严格程度，应该是企业标准要求最严格，行业标准要求相对严格，国家标准要求一般严格。

（4）室内环境相关标准

以下列举部分与室内环境相关的标准。

①《居室空气中甲醛的卫生标准》，标准号GB/T 16127—1995，现行。

GB/T——推荐性国家标准代号；

16127——标准顺序号；

1995——标准的发布年号。标准实施时间1996年7月1日。

②《民用建筑工程室内环境污染控制规范》，标准号GB 50325—2001，作废。《民用建筑工程室内环境污染控制规范》，标准号GB 50325—2010，2013年版，现行。

GB——强制性国家标准代号；

50325——标准顺序号；

2010——标准的发布年号。标准实施时间2011年6月1日。

GB 50325—2010自2011年6月1日起实施，原GB 50325—2001同时废止。

③《室内空气质量标准》，标准号GB/T 18883—2002，现行。

GB/T——推荐性国家标准代号；

18883——标准顺序号；

2002——标准的发布年号。标准实施时间 2003 年 3 月 1 日。

④《室内环境空气质量监测技术规范》，标准号 HJ/T 167—2004，现行。

HJ/T——推荐性环境保护标准代号；

167——标准顺序号；

2004——标准的发布年号。标准实施时间 2004 年 12 月 9 日。

⑤《环境空气质量评价技术规范》，标准号 HJ 663—2013，试行。

HJ——环境保护行业标准代号；

663——标准顺序号；

2013——标准的发布年号。标准实施时间 2013 年 10 月 1 日。

⑥《环境空气质量监测点位布设技术规范》标准号 HJ 664—2013，试行。

HJ——环境保护行业标准代号；

664——标准顺序号；

2013——标准的发布年号。标准实施时间 2013 年 10 月 1 日。

⑦《环境空气质量标准》，标准号 GB 3095—1996，现行。《环境空气质量标准》，标准号 GB 3095—2012，即将实施。

GB——国家强制标准；

3095——标准顺序号；

2012——标准的发布年号。标准实施时间 2016 年 1 月 1 日。

5. 室内环境检测采样技术

室内空气质量检测首要环节就是对室内空气的采样，采样的最基本要求是具有代表性、完整性及准确性。

① 采样方法原理

室内空气气态污染物成分复杂、来源广泛，气态污染物在空气中的含量各不相同，对室内空气现场采样就要根据所检测对象特点、检测场所等因素选择适当的采样方法，主要可分为直接采样法、溶液吸收法、固体阻留法、滤料阻留法四种方法，对这四种方法的原理及适用情况以对比的方式进行说明，见表 1-3-5。

表 1-3-5　室内空气气态污染物采样方法表

方法	直接采样法	富集（浓缩）采样法		
		溶液采样法	填充柱阻留法	滤料阻留法
原理	利用相应的设备，将室内空气样品“原样”收集，带回实验室进行测定	用带抽气泵的采样器，将待测空气以一定流量抽入装有吸收液的吸收管内。空气通过吸收液过程中，待测组分溶解在吸收液中或与吸收液发生化学反应。将此吸收液带回实验室进行被测组分的分析测定	将合适的吸附剂装填在玻璃管或不锈钢采样管内，让待测空气以一定流速通过填充柱，待测组分吸附、溶解或发生化学反应阻留在吸附剂上，将采样管带回实验室用溶剂或加热的方法解析，利用仪器进行待测组分的分析测定	将过滤材料（滤纸、滤膜等）放在采样夹上，用抽气装置抽气，则空气中的颗粒物被阻留在过滤材料上，称量过滤材料上富集的颗粒物质量，根据采样体积，即可计算出空气中颗粒物的浓度

续表

方法	直接采样法	富集（浓缩）采样法				
		溶液采样法	填充柱阻留法			滤料阻留法
			吸附型	分配型	反应型	
仪器设备材料	注射器采样 真空袋采样 采气管采样 真空瓶采样	吸收管：孔板式 气泡式 冲击式 吸收液[1]：水 有机溶剂 化学试剂	活性炭 硅胶 分子筛	Tenax-TA 硅藻土	石英砂 玻璃棉 滤纸	滤纸 滤膜
适用	一氧化碳、二氧化碳的红外光谱检测法	甲醛、氨、二氧化硫、二氧化碳、臭氧等污染物采样	苯 甲苯 二甲苯	TVOC	氨	PM10 PM2.5

1　吸收液选择原则：

① 与待测物质发生化学反应快或对其溶解度大；

② 被吸收的待测物质，有足够的稳定时间；

③ 被吸收的待测物质，应有利于下一步测定；

④ 吸收液毒性小、价格低、易于购买，且尽可能回收利用。

表1-3-5是按采样的原理方法确定，如果按有没有采样动力，则可分为有动力式采样法和无动力采样法。有动力式采样法有抽气泵作为动力控制采样时空气流速、流量，如室内空气中检测氨的靛酚蓝法［《公共场所卫生检验方法　第2部分：化学污染物》（GB/T 18204.2—2014）］、检测甲醛的酚试剂法（GB/T 18204.2—2014）、检测苯的气相色谱法（GB 50325—2010）等。无动力采样法主要是以空气扩散的方式进行采样，如室内空气中氡的检测等。

《室内空气质量标准》（GB/T 18883—2002）中所列举的采样方法，筛选法、累积法是根据采样时间长短确定的。

筛选法：采样前关闭门窗12h，采样时关闭门窗，至少采样45min。

累积法：当采用筛选法采样达不到本标准要求时，采用累积法（按年平均、日平均、8h平均值）的要求采样。年平均浓度至少采样3个月，日平均浓度至少采样18h，8h平均浓度至少采6h，采样时间应涵盖通风最差的时间段。

② 环境空气设备

室内环境检测中所使用仪器的可靠性是极其重要的环节，相关检测仪器必须经过国家或省级质量技术监督部门计量认可后才可以使用（具备检测仪器性能合格证书），而且每年要定期到计量部门进行年检，经检验合格标贴计量合格标识后方可继续用于检测用途。

《环境空气采样器技术要求及检测方法》（HJ/T 375—2007）规定了环境空气采样器的主要技术要求和检测方法，适用于进行环境空气样品采集的采样器，标准自2008年3月1日实施，原《环境空气采样器技术要求》（HBC 2—2001）同时废止。

a. 空气采样器组成

进气导管、吸收瓶、干燥器、流量调节设置、转子流量计、时间控制系统、采样泵、真空压力表等部分。

b. 各组成部分技术要求

气路系统：采样器气路导管应采用不吸附被采集样品的材料，连接管路尽量短而直。

流量控制系统：采样器在负载阻力为 2.0kPa 时，最大采样流量不低于 2.0L/min（使用交、直流两用电源的采样器，最大采样流量不低于 1.0L/min），并可连续调节。采样器在某一采样流量下，当交流电源电压波动（220±22）V 时，流量波动不超过±5%。在电源电压与负载阻力稳定的状态下，采样器 2h 内流量波动不超过±5%。

转子流量计：用于显示采样器工作状况。测量范围 0.1～2.0L/min（使用交、直流两用电源的采样器，测量范围 0.1～1.0L/min），精确度不低于 2.5%。

真空压力表：位于转子流量计入口处，用于校正采样流量及测量采样泵抽气负压，若为双气路，应分别安装真空压力表，测量范围 0～−0.1MPa，精确度不低于 4%。

时间控制系统：采样器具有定时采样功能，定时误差不超过±0.1%。

吸收瓶：采样器采集样品所使用的吸收瓶应符合国家标准 HJ 479—2009（附录 A　吸收瓶的检查与采样效率的测定）规定的技术要求。

干燥器：用于干燥及过滤进入流量计的气体。其有效容积应不小于 0.16L，内装硅胶。干燥器的气体出口处应有尘过滤装置。

③ 采样技术要求

目前广泛使用的 GB 50325—2010，2013 年版和 GB/T 18883—2002 中关于室内空气采样的技术要求，见表 1-3-6。

表 1-3-6　室内空气采样技术要求

执行标准	GB 50325—2010，2013 年版		GB/T 18883—2002	
采样点数量	面积（m^2）	数量（个）	面积（m^2）	数量（个）
	<50	1	<50	1～3
	50～100	2	50～100	3～5
	>100	3～6	>100	≥5
采样点位置	距室内地面高度：0.8～1.5m		距室内地面高度：0.5～1.5m	
	距室内墙面不小于 0.5m			
	分布均匀，采样点应避开通风道和通风口			
采样要求	① 自然通风的工程应在对外门窗封闭 1h 后进行（氡除外[1]）；② 集中空调系统的工程应在空调正常运转的条件下进行		① 采样前关闭门窗 12h，采样时关闭门窗；② 采样时间至少 45min	
室外空白采样	① 室外采样与室内采样同步进行；② 在被测建筑物上风向处采样			
室内检测要求	装修工程完成的固定式家具应保持正常使用状态		采样时间应涵盖通风最差时间段	

1　GB 50325—2010，2013 年版中氡的检测，对采用自然通风的民用建筑工程验收，应在房间对外门窗关闭 24h 后进行。

民用建筑工程验收检测：抽检有代表性的房间室内环境污染物浓度，抽检房间数量不得少于 5%，并不得少于 3 间；房间总数少于 3 间时，应全数检测。

④ 采样点布设要求

当房间内有2个及以上检测点时，应采用对角线、斜线、梅花状均衡布点，并取各点检测结果的平均值作为该房间的检测值，见图1-3-1。

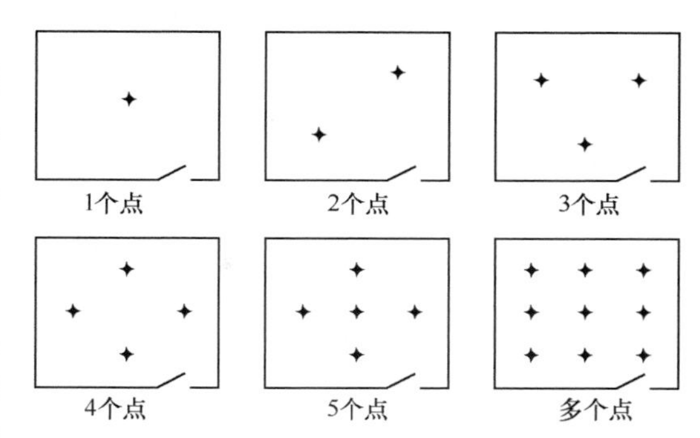

图1-3-1　室内采样点布设形式

⑤ 采样样品保存与运输

溶液吸收法采集的样品，保存时间较短，要及时送回化验室内分析。夏天长时间采样时，采样过程中溶剂挥发，应补加溶剂至原体积。

某些被测物被吸收到吸收液中后，由于温度高或受日光照射，容易被氧化或分解。如采集氮氧化物的吸收液受光照射后呈浅粉色，应将吸收管放在黑布袋中，避光运输。运输过程中还要防止吸收管的损坏和样品被污染。

⑥ 采样记录

记录内容：采集样品被测污染物的名称及编号；采样地点和采样时间；采样流量、采样体积；采样时的温度、大气压力和天气状况；采样仪器，吸收液及采样时周围情况；采样者、审核者姓名等。可参考表1-3-7。

表1-3-7　空气检测采样记录表

委托人（单位）：　　　　　　　　检测地址：

采样器型号及编号：　　　　　　　封闭时间（h）：

采样点大气压（kPa）：　　　　　室温（℃）：

样品编号	检测项目	采样点名称	采样计时		采样时间 t（min）	流量计（L/min）		采样体积 $V=Q_s\times t$
			开始	结束		读数 Q_t	校准流量 Q_s	
采样人（签字）：					样品接收人（签字）：			

备注：（检测现场情况记录：封闭情况、室内室外可能存在的污染源情况等）

采样时间：　　　年　　月　　日

下篇　检测技能篇

根据《室内空气质量标准》（GB/T 18883—2002），考核评价室内空气质量标准的主要参数为物理性指标 4 项（温度、相对湿度、空气流速、新风量），化学性指标 13 项（二氧化硫、二氧化氮、一氧化碳、二氧化碳、氨、臭氧、甲醛、苯、甲苯、二甲苯、苯并［a］芘、可吸入颗粒、总挥发性有机物），生物性指标 1 项（菌落总数），放射性指标 1 项（氡 ^{222}Rn）。

本教材检测技能中对物理性指标不做要求，将化学性指标、生物性指标及放射性指标重新归纳为有机污染物的检测 4 项（甲醛、苯系物、总挥发性有机物、苯并［a］芘），无机污染物的检测 6 项（一氧化碳、二氧化碳、二氧化氮、二氧化硫、氨、臭氧），可吸入颗粒物的检测 2 项（PM10、PM2.5）以及其他污染物的检测 2 项（菌落总数、氡）。在标准采用上，《民用建筑工程室内环境污染控制规范》（GB 50325—2010，2013 年版）中 5 项污染物检测方法与《室内空气质量标准》（GB/T 18883—2002）中一致。GB 50325—2010，2013 年版属工程验收性标准，具强制性。GB/T 18883—2002 属室内环境健康性标准，具推荐性，两者污染物限量标准不同。

本教材以 GB 50325—2010，2013 年版与 GB/T 18883—2002 为主要依据标准，目前各种污染物质的检测方法多采用《室内空气质量标准》（GB/T 18883—2002）中“规范性引用文件”所列检测方法。由于我国环境保护法律与条款处在不断完善当中，其中对部分污染物质检测的方法采用上也相应作出了部分修订，本教材针对这一情况对修订的检测方法也作出了相应的说明，具体污染物质的检测方法是以新标准为所授内容依据。对检测结果的评价需要根据检测工程性质决定。

为加强对室内环境空气检测技能的掌握，教材以任务驱动方式编写，在完成理论部分与相应实验的学习后，根据所给出的检测工程项目完成对室内环境空气的综合检测，根据附录 A：室内环境空气质量检测方案，完成附录 B：室内环境空气质量检测报告［以《民用建筑工程室内环境污染控制规范》（GB 50325—2010，2013 年版）为检测结果评价依据］，附录 C：室内环境空气质量检测报告［以《室内空气质量标准》（GB/T 18883—2002）为检测结果评价依据］。

工程概况

建筑装饰材料展示室功能为展示建筑装饰材料，因包括室内装饰中所需的大量主要材料，故同时作为室内环境检测实训室，按照《民用建筑工程室内环境污染控制规范》（GB 50325—2010，2013 年版）的规定，该工程房屋用途为Ⅰ类民用建筑工程。工程简介见表 2-0-1。

表 2-0-1　检测房间概况

房间名称	建筑类别	墙面	顶面	地面	其他
实训室	Ⅰ类	乳胶漆 壁纸 石材、砖等	石膏板吊顶 木吊顶 铝扣板吊顶	地砖 木地板 石材	各类装饰辅料

面积： 180m^2。

平面形式： 见图 2-0-1。

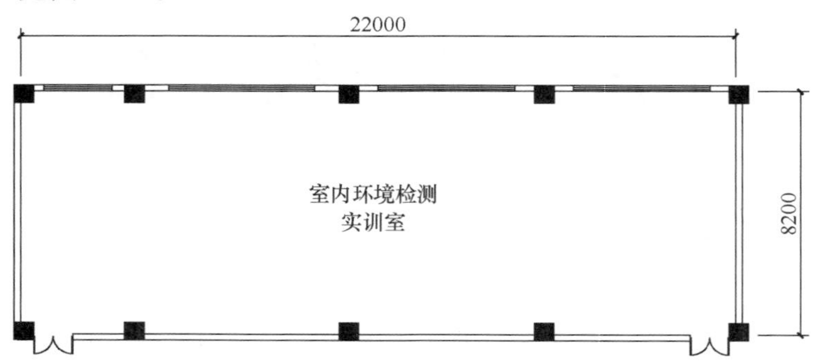

图 2-0-1　实训室平面形式

采样点数量： 按室内空气采样技术要求，大于 100m^2需布设采样点 5 个。

采样点位置： 距室内地面高度约 1.5m，大致位于人们呼吸带的高度；距室内墙面不小于 0.5m；分布均匀，采样点避开通风道和通风口。

采样点布设形式： 根据房间室内形式，采样点布设形式见图 2-0-2。

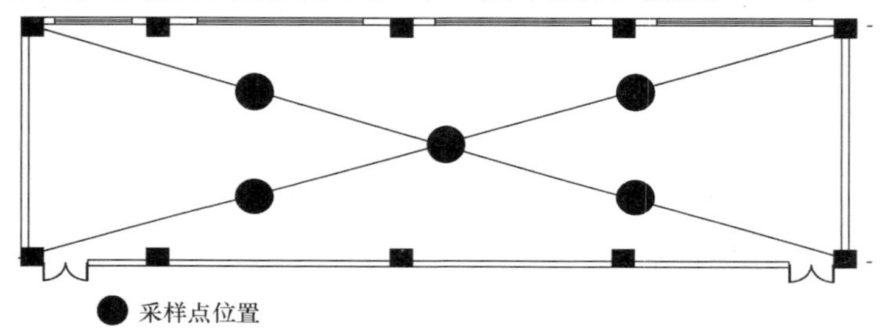

图 2-0-2　实训室采样点布设形式

实训室展示：

工程任务说明见表 2-0-2。

表 2-0-2　工程任务说明

序号	内容	说明
1	任务	本检测工程是室内环境检测实训室空气质量检测项目，要求检测人员按国家规范标准操作进行相关检测得出检测结果
2	检测项目	本检测工程由 4 个项目部分组成，分为 14 个任务。 项目一：有机污染物的检测 任务 1　甲醛的检测 任务 2　苯系物的检测 任务 3　TVOC 的检测 任务 4　苯并［a］芘的检测 项目二：无机污染物的检测 任务 1　一氧化碳的检测 任务 2　二氧化碳的检测 任务 3　二氧化氮的检测 任务 4　二氧化硫的检测 任务 5　氨的检测 任务 6　臭氧的检测 项目三：可吸入颗粒物的检测 任务 1　PM10 的检测 任务 2　PM2.5 的检测 项目四：其他污染物的检测 任务 1　菌落总数的检测 任务 2　氡的检测
3	能力目标	理解各类污染物检测的原理；熟悉室内环境检测相关的国家标准、规范及其适用范围；掌握各类室内环境污染物检测的技能，并具备编制检测报告的能力

在室内环境检测中，作为检测人员应了解所检测对象的污染来源、人体危害，需要掌握检测的原理、技能、方法及其所遵守的国家标准规范，并具备编制检测报告的能力，最终完成室内环境检测的任务。

项目1 有机污染物的检测

任务1 甲醛的检测

学习提示

甲醛在室内环境污染中是比较普遍存在和影响严重的，其检测方法是本任务的学习重点，理解其检测的原理、掌握检测的方法。本任务的难点在于完成任务理论部分的学习后，根据所学习的理论指导能够准确进行相应的操作，并得出正确的检测结果。

学习过程中应注重与实际相结合的学习方法，对甲醛检测的学习建议4个学时完成。

任务概述

本任务的目的是完成对室内环境中甲醛污染程度的检测。随着人们物质文化生活水平的提高和住房条件的改善，室内装修已成为一种时尚，而建筑、装修和家具造成的室内环境污染也成为人类健康的大敌。其中，甲醛的污染最为普遍和严重，它对人体的健康影响主要表现在使人记忆力下降，嗅觉、肺、肝、免疫功能异常，对儿童、孕妇和老人的危害尤为严重。因此，应密切监视室内空气中甲醛的含量，尽早采取措施减少室内空气污染。

相关知识

1. 物质简介

甲醛（HCHO）是无色、具有强烈气味的刺激性气体。相对分子质量30.03，气体相对密度1.04，略重于空气，易溶于水、醇和醚中。其35%～40%水溶液称福尔马林，此溶液在室温下极易挥发，加热更甚。甲醛易聚合成多聚甲醛，这是甲醛水溶液混浊的原因。甲醛的聚合物受热易发生解聚作用，室温下能放出微量的气态甲醛。化学性质活泼，可以发生加成反应、缩合反应、氧化和还原反应，利用这些反应，甲醛的测定方法有多种。

2. 人体危害

甲醛可以致癌，也可能导致胎儿畸形。甲醛浓度达到0.06～0.07mg/m^{3}时，儿童就会发生轻微气喘。当室内空气中甲醛含量为0.1mg/m^{3}时，就有异味和不适感；达到0.5mg/m^{3}时，可刺激眼睛，引起流泪；达到0.6mg/m^{3}时，可引起咽喉不适或疼痛；浓度更高时，可引起恶心呕吐，咳嗽胸闷，气喘甚至肺水肿；达到30mg/m^{3}时，会立即致人死亡。通常，人类在居室中接触的一般为低浓度甲醛，但长期接触低浓度0.017～0.068mg/m^{3}的甲醛，虽然引起的症状强度较弱，但也会对人的健康产生较严重的影响。

3. 来源

室外空气中的甲醛主要来源于工业废气、汽车尾气、光化学烟雾等，它们在一定程度上均可排放或产生一定量的甲醛，但是这一部分含量很少。城市空气中甲醛的年平均浓度大约是0.005～0.01mg/m^3，一般不超过0.03mg/m^3，这部分气体在一些时候可进入室内，是构成室内甲醛污染的一个来源。

室内甲醛主要来源于人造木板。装修材料及家具中的胶合板、大芯板、中纤板、刨花板（碎料板）的粘合剂遇热、潮解时甲醛就释放出来，是室内最主要的甲醛释放源。UF（聚氨酯）泡沫作为房屋防热、御寒的绝热材料，在光和热的作用下会老化，释放甲醛。用甲醛作防腐剂的涂料、化纤地毯、化妆品等产品，也产生甲醛。室内吸烟释放甲醛，每支烟烟气中含甲醛20～88μg，并有致癌的协同作用。

任务解析

1. 甲醛检测相关标准与规范

室内环境与人的身体健康有着密切的关系。甲醛是室内环境污染最大的来源之一，对居民的身体健康造成巨大的威胁和破坏，被称为室内隐形杀手。

室内环境中甲醛的检测需要针对任务及室内装修简易、材料选用等情况，明确采样时间，采样点的位置、数量，并采用适当的方法检测。

由于甲醛化学性质活泼，可以发生加成反应、缩合反应、氧化和还原反应，利用这些反应，甲醛的测定方法有多种，主要有AHMT分光光度法、酚试剂分光光度法、乙酰丙酮分光光度法、气相色谱法、定电位电解法和气体检测管法等。针对不同的检测对象，根据实际情况选择检测方法。由国家质量监督检验检疫总局、国家卫生部、国家环境保护总局发布的《室内空气质量标准》（GB/T 18883—2002）中规定，室内空气中甲醛的1h均值标准值为0.10mg/m^3，选择AHMT分光光度法、酚试剂分光光度法、乙酰丙酮分光光度法和气相色谱法作为室内甲醛的测定方法。

根据《民用建筑工程室内环境污染控制规范》（GB 50325—2010，2013年版）规定，当民用建筑工程室内空气中甲醛检测结果发生争议时，应以现行国家标准《公共场所卫生检验方法　第2部分：化学污染物》（GB/T 18204.2—2014）中酚试剂分光光度法的测定结果为准。

2. 检测方法

根据中华人民共和国住房和城乡建设部与国家质量监督检验检疫总局联合发布的《民用建筑工程室内环境污染控制规范》（GB 50325—2010，2013年版）（以下简称《规范》）表6.0.4中规定，Ⅰ类民用建筑工程室内甲醛浓度≤0.08mg/m^3，Ⅱ类民用建筑工程室内甲醛浓度≤0.1mg/m^3。

同时，规范中规定民用建筑工程室内空气中甲醛的检测方法，应符合现行国家标准《公共场所卫生检验方法　第2部分：化学污染物》（GB/T 18204.2—2014）中酚试剂分光光度法的规定。

由国家质量监督检验检疫总局、国家卫生部、国家环境保护总局发布的《室内空气质量标准》（GB/T 18883—2002）中规定，室内空气中甲醛的1h均值标准值为0.10mg/m^3。同时选择AHMT分光光度法、酚试剂分光光度法、乙酰丙酮分光光度法和气相色谱法作为室内甲醛的测定方法。

（1）AHMT分光光度法

AHMT分光光度法在室温下就能显色，且SO_3^{2-}、NO_2^-共存时不干扰测定，灵敏度比乙酰丙酮、变色酸和酚试剂分光光度法均好，被作为国家标推《居住区大气中甲醛卫生检验标准方法　分光光度法》（GB/T 16129—1995）。

测定范围：若采样体积为20L，则测定浓度范围为0.01～0.16mg/m^3。

（2）酚试剂分光光度法

酚试剂分光光度法在常温下显色，且灵敏度比乙酰丙酮分光光度和变色酸分光光度两种方法都好，被作为国家标准《公共场所卫生检验方法　第2部分：化学污染物》（GB/T 18204.2—2014）。

测定范围：若用5mL样品溶液，测定范围为0.1～1.5μg甲醛；若采样体积为10L时，可测定浓度范围为0.01～0.15mg/m^3。

（3）气相色谱法

气相色谱法选择性好，干扰因素小，被作为国家标准《公共场所卫生检验方法　第2部分：化学污染物》（GB/T 18204.2—2014）。

任务实施

1. AHMT分光光度法

（1）原理

空气中甲醛被吸收液吸收，在碱性溶液中与4-氨基-3-联氨-5-巯基-1，2，4-三氮杂茂（AHMT）（Ⅰ）发生缩合反应（Ⅱ），经高碘酸钾氧化生成6-巯基-5-三氮杂茂［4，3-b］-S-四氮杂苯（Ⅲ）紫红色化合物，溶液颜色深浅与甲醛含量成正比，比色定量。在波长550nm下，测定溶液吸光度。显色反应如下：

（Ⅰ） $\xrightarrow[\text{碱}]{HCHO}$ （Ⅱ） $\xrightarrow{KIO_4}$ （Ⅲ）

测定范围为2mL样品溶液中含0.2～3.2μg甲醛。若采样流量1L/min，采样体积20L时，则测定浓度范围为0.01～0.16mg/m^3。检出限为0.13μg。

（2）仪器

① 气泡吸收管，有5mL和10mL刻度线。

② 空气采样器，流量范围0.1～2L/min，流量稳定。使用时，用皂膜流量计校准采样器的流量，流量误差应小于5%。

③ 具塞比色管10mL。

④ 分光光度计，用10mm比色皿。

（3）试剂

所用试剂除标明外，均为分析纯。所用水均为蒸馏水。

① 吸收液：称取1g三乙醇胺，0.25g偏重亚硫酸钠和0.25g乙二胺四乙酸二钠（EDTA）溶于水中并稀释至1000mL。

② 0.5%AHMT溶液：取0.25g AHMT溶于100mL0.5mol/L盐酸中，此溶液置于棕色瓶中，暗处保存。

③ 5mol/L氢氧化钾溶液：取28.0g氢氧化钾溶于适量蒸馏水中，稍冷后，加蒸馏水至100mL。

④ 1.5%高碘酸钾溶液：取1.5g高碘酸钾（KIO_4）于0.2mol/L KOH溶液中，并稀释至100mL，置于水浴上加热使其溶解。

⑤ 碘标准溶液$\left[c\left(\frac{1}{2}I_2\right)=0.1000mol/L\right]$：称量40g碘化钾，溶于25mL水中加入12.7g升华碘，待碘完全溶解后，用水定容1000mL。置于棕色瓶中，暗处保存。

⑥ 碘酸钾标准溶液$\left[c\left(\frac{1}{6}KIO_3\right)=0.100mol/L\right]$：准确称量3.5667g，经105℃烘干2h的碘酸钾（优级纯），溶解于水，移入1L容量瓶中，再用水稀释至1000mL。

⑦ 0.5%淀粉溶液：称量0.5g可溶性淀粉，用少量水调成糊状后，再加刚煮沸的水至100mL，并煮沸2～3min至溶液透明。冷却后，加入0.1g水杨酸或0.4g氧化锌保存。

⑧ 0.5mol/L硫酸溶液：取28mL浓硫酸缓慢加入水中，冷却后，稀释至1000mL。

⑨ 硫代硫酸钠标准溶液$[c(Na_2S_2O_3)=0.1000mol/L]$：称量25.0g硫代硫酸钠（$Na_2S_2O_3 \cdot 5H_2O$），溶于1000mL新煮沸但冷却的水中，加入0.2g无水碳酸钠。储于棕色瓶中，放置一周后，标定其准确浓度。

标定方法：准确量取25.00mL 0.1000mol/L碘酸钾标准溶液，于250mL碘量瓶中，加入75mL新煮沸后冷却的水，加3g碘化钾及10mL 1mol/L盐酸溶液，摇匀后，暗处放置3min，用待标定的0.1mol/L硫代硫酸钠标准溶液滴定析出的碘，至淡黄色。加入1 mL 0.5%淀粉溶液，呈蓝色。再继续滴定至蓝色刚刚褪去，即为终点。记录所用硫代硫酸钠溶液体积（V），其准确浓度按式（2-1-1）计算。

$$c=\frac{0.1000\times 25.00}{V} \tag{2-1-1}$$

式中 c——硫代硫酸钠标准溶液的浓度；

V——所用硫代硫酸钠溶液的体积。

平行滴定两次，两次所用硫代硫酸钠溶液体积误差不超过0.05mL，取平均值。

⑩ 甲醛标准溶液储备溶液：取2.8mL甲醛溶液（含甲醛36%～38%）于1L容量瓶中，加水稀释至刻度。此溶液1mL约相当于1mg甲醛。其准确浓度用下述碘量法标定。

储备溶液的标定：精确量取20.00mL待标定的甲醛标准储备溶液，置于250mL碘量瓶中。加入20.00mL碘标准溶液$\left[c\left(\frac{1}{2}I_2\right)=0.1000mol/L\right]$和15mL 1mol/L氢氧化钠溶液，放置15min，加入20mL 0.5mol/L硫酸溶液，再放置15min，用硫代硫酸钠溶液$[c(Na_2S_2O_3)=0.1000mol/L]$滴定，至溶液呈现淡黄色时，加入1 mL 0.5%淀粉溶液继续滴定至恰使蓝色褪去为止，记录所用硫代硫酸钠溶液体积（V_2，mL）。同时用水做试剂空白滴定，记录空白滴定所用硫代硫酸钠标准溶液的体积（V_1，mL）。甲醛溶液的浓度按式（2-1-2）计算。

$$\text{甲醛溶液浓度(mg/mL)} = \frac{(V_1 - V_2) \times c_1 \times 15}{20} \tag{2-1-2}$$

式中　V_1——试剂空白消耗硫代硫酸钠溶液体积，mL；

V_2——甲醛标准储备溶液消耗硫代硫酸钠溶液的体积，mL；

c_1——硫代硫酸钠溶液的准确物质量浓度；

15——甲醛的当量；

20——所取甲醛标准储备溶液的体积，mL。

两次平行滴定，误差应小于0.05mL，否则重新标定。

甲醛标准溶液：临用时，取上述甲醛标准储备溶液，用吸收液稀释成1.00mL含2.0μg甲醛。

⑪ 盐酸溶液（1mol/L）。

⑫ 1mol/L氢氧化钠溶液：称量40g氢氧化钠，溶于水中，并稀释至1000mol/L。

（4）检测步骤

① 采样

用一个内装5mL吸收液的气泡吸收管，以1.0L/min流量，采气20L，并记录采样时的温度和大气压力。

② 标准曲线的绘制

用2.00μg/mL甲醛标准溶液，取7支10mL的具塞比色管，按表2-1-1制备标准色列管。

表2-1-1　甲醛标准色列管

管号	0	1	2	3	4	5	6
标准溶液体积（mL）	0.0	0.1	0.2	0.4	0.8	1.2	1.6
吸收溶液体积（mL）	2.0	1.9	1.8	1.6	1.2	0.8	0.4
甲醛含量（μg）	0.0	0.2	0.4	0.8	1.6	2.4	3.2

各管加入1.0mL 5mol/L氢氧化钾溶液，1.0mL 0.5% AHMT溶液，盖上管塞，轻轻颠倒混匀3次，放置20min。加入0.3mL 1.5%高碘酸钾溶液，充分振摇，放置5min，用10mm比色皿，在波长550nm下，以水作参比，测定各管吸光度。以甲醛含量为横坐标，吸光度为纵坐标，绘制标准曲线，并计算回归线的斜率，以斜率的倒数作为样品测定计算因子B_s（μg/吸光度）。

③ 样品测定

采样后，用少量吸收液补充至采样前吸收液的体积。准确吸取2mL样品溶液于10mL比色管中，按制作标准曲线的操作步骤测定吸光度。

在每批样品测定的同时，用2mL未采样的吸收液，按相同步骤做试剂空白值测定。

（5）结果计算

将采样体积按式（2-1-3）换算成标准状况下采样体积。

$$V_0 = V_1 \times \frac{T_0}{273 + t} \times \frac{P}{P_0} \tag{2-1-3}$$

式中　V_0——标准状况下的采样体积，L；

V_1——采样体积，L；

t——采样时的空气温度,℃；

T_0——标准状况下的绝对温度，273K；

P——采样时的大气压，kPa；

P_0——标准状况下的大气压力，101.3kPa。

空气中甲醛浓度按式（2-1-4）计算：

$$c=\frac{(A-A_0)\times B_s}{V_0}\times\frac{V_1}{V_2} \tag{2-1-4}$$

式中　c——空气中甲醛浓度，mg/m^3；

A——样品溶液的吸光度；

A_0——试剂空白溶液的吸光度；

B_s——用标准溶液绘制标准曲线得到的计算因子，μg/吸光度；

V_0——标准状况下的采样体积，L；

V_1——采样时吸收液体积，mL；

V_2——分析时取样品体积，mL。

2. 酚试剂分光光度法

（1）原理

空气中的甲醛被酚试剂溶液吸收，反应生成嗪，嗪在酸性溶液中被三价铁离子氧化生成蓝绿色化合物。根据颜色深浅，比色定量。在波长 630nm 下，测定吸光度。显色反应如下：

CH_3 N C=N–NH_2 S + HC(=O)–H ⟶ N C=N–N=CH_2 S (B)

Fe^{3+}[O], H^+ ⟶ CH_3 N C=N–NH^+ S (A)

A+B $\xrightarrow{Fe^{3+}[O]}$ N S C=N=N=CH=N=N–C N(CH_3) S

(蓝绿色)

测定范围：5mL 样品溶液中含 0.1～1.5μg 甲醛。若采样体积 10L 时，则测定浓度范围为 0.01～0.15mg/m^3。检出下限为 0.056μg 甲醛。

（2）仪器

① 大型气泡吸收管：出气口内径为 1mm，小气口至管底距离≤5mm，有 10mL 刻度线。

② 恒流采样器：流量范围 0～1L/min。流量稳定可调，恒流误差小于 2%，采样前和采样后应用皂膜流量计校准采样系列流量，误差小于 5%。

③ 具塞比色管：10mL。

④ 分光光度计：在 630nm 测定吸光度。

（3）试剂

① 吸收液原液：称量 0.1g 酚试剂[$C_6H_4SN(CH_3)C$：$NNH_2 \cdot HCl$，MBTH]加水溶解，倾于 100mL 具塞量筒中，加水到刻度。放冰箱中保存，可稳定 3d。

② 吸收液；取吸收原液 5mL，加 95mL 水，即为吸收液。采样时，临用现配。

③ 1%硫酸铁铵溶液：称量 1.0g 硫酸铁铵，用 0.1mol/L 盐酸溶解，并稀释至 100mL。

④ 碘溶液 $\left[c\left(\frac{1}{2}I_2\right)=0.1000mol/L\right]$：称量 40g 碘化钾，溶于 25mL 水中，加入 12.7g 碘，待碘完全溶解后，用水定容至 1000mL，移入棕色瓶中，暗处储存。

⑤ 1mol/L 氢氧化钠溶液。

⑥ 0.5mol/mL 硫酸溶液。

⑦ 0.5%淀粉溶液。

⑧ 甲醛标准储备溶液的配制和标定方法同 AHMT 分光光度法。

甲醛标准溶液：临用时，将甲醛标准储备溶液（1mg/mL）用水稀释成 1.00mL 含 10μg 甲醛，立即再取此溶液 10.00mL，加入 100mL 容量瓶中，加入 5mL 吸收原液，用水定容至 100mL，此液 1.00mL 含 1.00μg 甲醛，放置 30min 后，用于配制标准色列管。此标准溶液可稳定 24h。

（4）检测步骤

① 采样

用一个内装 5mL 吸收液的大型气泡吸收管，以 0.5L/min 流量，采气 10L，并记录采样时的温度和大气压力。采样后应在 24h 内分析。

② 标准曲线的绘制

用 2.00μg/mL 甲醛标准溶液，取 8 支 10mL 具塞比色管，按表 2-1-2 制备标准色列管。

表 2-1-2　甲醛标准色列管

管号	0	1	2	3	4	5	6	7	8
标准溶液体积（mL）	0.0	0.1	0.2	0.4	0.6	0.8	1.0	1.5	2.0
吸收溶液体积（mL）	5.0	4.9	4.8	4.6	4.4	4.2	4.0	3.5	3.0
甲醛含量（μg）	0.0	0.1	0.2	0.4	0.6	0.8	1.0	1.5	2.0

于标准色列各管中，加入 0.4mL 1%硫酸铁铵溶液，混匀，放置 15min，用 10mm 比色皿，以水作参比，在波长 630nm 下，测定各管溶液的吸光度。以甲醛含量为横坐标，吸光度为纵坐标，绘制标准曲线，并计算回归线的斜率。以斜率的倒数作为样品测定的计算因子 B_g（μg/吸光度）。

③ 样品测定

采样后，将样品溶液全部转入比色管中，用少量吸收液洗吸收管，合并后使总体积为 5mL。然后，按绘制标准曲线的操作步骤，测定吸光度（A）。在每批样品测定的同时，用 5mL 未采样的吸收液，按相同操作步骤做试剂空白吸光度（A_0）的测定。

（5）结果计算

将采样体积换算成标准状况下采样体积。

空气中甲醛浓度按式（2-1-5）计算：

$$c=\frac{(A-A_0)\times B_g}{V_0} \tag{2-1-5}$$

式中 c——空气中甲醛浓度，mg/m^3；

A——样品溶液的吸光度；

A_0——空白溶液的吸光度；

B_g——用标准溶液绘制标准曲线得到的计算因子，μg/吸光度；

V_0——换算成标准状况下的采样体积，L。

3. 气相色谱法

（1）原理

空气中甲醛在酸性条件下吸附在涂有2，4-二硝基苯肼（2，4-DNPH）6201）担体上，生成稳定的甲醛腙。用二硫化碳洗脱后，经0V-色谱柱分离，用氢焰离子化检测器测定，以保留时间定性，峰高定量。

测定范围：若以0.2L/min流量采样20L时，测定范围为0.02～lmg/m^3。

检出下限：0.2μg/mL（进样品洗脱液5μL）。

（2）仪器

① 采样管：内径5mm、长100mm玻璃管，内装150mg吸附剂，两端用玻璃棉堵塞，用胶帽密封，备用。

② 空气采样器：流量范围为0.2～10L/min。

③ 具塞比色管：5mL。

④ 微量注射器：10μL。

⑤ 气相色谱仪：带氢火焰离子化检测器。

⑥ 色谱柱：长2m、内径3mm的玻璃柱，内装固定相（0V-1），色谱担体Shimatew（80～100目）。

（3）试剂

① 二硫化碳：需重新蒸馏进行纯化。

② 2,4-DNPH溶液：称取0.5mg 2,4-DNPH于250mL容量瓶中，用二氯甲烷稀释到刻度。

③ 2mol/mL盐酸溶液。

④ 吸附剂：10g 6 201担体（60～80目），用40mL 2,4-DNPH二氯甲烷饱和溶液分2次涂敷，减压、干燥，备用。

⑤ 甲醛标准溶液：配制和标定方法同AHMT比色法。

（4）检测步骤

① 采样

取一支采样管，用前取下胶帽，拿掉一端的玻璃棉，加一滴（约50μL）2mol/L盐酸溶液后，再用玻璃棉堵好。将加入盐酸溶液的一端垂直朝下，另一端与采样进气口相连，以0.5L/min的速度抽气50L。采样后，用胶帽套好，并记录采样点的温度和大气压力。

② 气相色谱测试条件分析

应根据气相色谱仪的型号和性能，制定能分析甲醛的最佳测试条件，如柱温、检测室温度、汽化室温度、载气流量、氢气流量及空气流量。

③ 绘制标准曲线和测定校正因子

在做样品测定的同时，绘制标准曲线或测定校正因子。

标准曲线的绘制：

取 5 支采样管，各管取下一端玻璃棉，直接向吸附剂表面滴加 1 滴（约 50μL）2mol/L 盐酸溶液。然后，用微量注射器分别准确加入甲醛标准溶液 1.00mL（含 lmg 甲醛），制成在采样管中的吸附剂上甲醛含量在 0～20μg 范围内有 5 个浓度点的标准管，再填上玻璃棉，反应 10min，再将各标准管内的吸附剂分别移入 5 个 5mL 具塞比色管中，各加入 1.0mL 二硫化碳，稍加振摇，浸泡 30min，即为甲醛洗脱溶液标准色列管。然后，取 5.0μL 各个浓度点的标准洗脱液，进色谱柱，得色谱峰和保留时间。每个浓度点重复做 3 次，测量峰高的平均值。以甲醛的浓度（μg/mL）为横坐标，平均峰高（mm）为纵坐标，绘制标准曲线，并计算回归线的斜率。以斜率的倒数作为样品测定的计算因子 B_s[μg/(mL·mm)]。

测定校正因子：

在测定范围内，可用单点校正法求校正因子。在样品测定的同时，分别取试剂空白溶液与样品浓度相接近的标准管洗脱溶液，按气相色谱最佳测试条件进行测定，重复做 3 次，得峰高的平均值和保留时间。按式（2-1-6）计算校正因子：

$$f=\frac{c_0}{h-h_0} \tag{2-1-6}$$

式中　f——校正因子，μg/（mL·mm）；

c_0——标准溶液浓度，μg/mL；

h——标准溶液平均峰高，mm；

h_0——试剂空白溶液平均峰高，mm。

④ 样品测定

采样后，将采样管内吸附剂全部移至 5mL 具塞比色管中，加入 1.0mL 二硫化碳，稍加振摇，浸泡 30min。取 5.0μg 洗脱液，按绘制标准曲线或测定校正因子的操作步骤进行测定。每个样品重复做 3 次，用保留时间确认甲醛的色谱峰，测量其峰高，计算峰高的平均值（mm）。

在每批样品测定的同时，取未采样的采样管，按相同操作步骤做试剂空白的测定。

⑤ 结果计算

用标准曲线法按式（2-1-7）计算空气中甲醛的浓度：

$$c=\frac{(h-h_0)B_s}{V_0E_s}\times V_1 \tag{2-1-7}$$

式中　c——空气中甲醛的浓度，mg/m³；

h——样品溶液平均峰高，mm；

h_0——试剂空白溶液平均峰高，mm。

B_s——用标准溶液绘制标准曲线得到的计算因子，μg/（mL·mm）；

V_1——样品洗脱液总体积，mL；

E_s——由实验确定的平均洗脱效率；

V_0——换算成标准状况下的采样体积，L。

用单点校正法按式（2-1-8）计算空气中甲醛的浓度：

$$c=\frac{(h-h_0)f}{V_0E_s}\times V_1 \tag{2-1-8}$$

式中 f——用单点校正法得到的校正因子，μg/（mL·mm）。

任务小结

AHMT分光光度法多用于居室中对甲醛的检测，其优点是特异性和选择性均较好，在室温下就能显色，且SO_3^{2-}、NO_2^-共存时不干扰测定，灵敏度比较高，同时在大量乙醛、丙醛、苯甲醛等醛类和甲醇、乙醇等醇类物质共存时对该方法均无影响；缺点是在操作过程中显色液随时间逐渐加深，标准溶液的显色反应和样品溶液的显色反应时间必须严格统一，重现性较差，不易操作。由于日光照射能使甲醛氧化，在采样时，要尽量选用棕色吸收，管放过程中，都应该采取避光措施。此外，AHMT有毒，用完要洗手。

酚试剂分光光度法操作简便，灵敏度高且可信，适合微量甲醛的测定，最佳的pH范围为4～5。由于酚试剂的稳定性不高，因此显色剂在4℃的冰箱内能够保存3d，这种方法比较适合室内空气中甲醛的检测。此外，采样后的样品建议在24h内加以分析，样品测定的过程要将样品的溶液都转入到比色管中，选择少量吸收液洗吸收管，使总体积在5mL左右。而在分析的过程中，需要注意相关因素的干扰，并予以排除，二氧化硫共存的情况下会使测定的结果相对偏低，事先需借助硫酸锰滤纸过滤器将其滤掉，但对于室内空气来说，二氧化硫含量很低，可以不用硫酸锰试纸。同时室温低于15℃时，显色不完全，应在25℃水浴保温操作。

气相色谱法中色谱分离的作用十分强大，可以摆脱样品基质、试剂颜色的影响，特别是复杂样品的测定也较为准确和灵敏，因而能够将其直接用于居室内对甲醛的分析与检测。需要注意的是空气中醛酮类化合物能够分离，二氧化硫和氮氧化物没有干扰。

课后自测

一、填空题

（1）甲醛的检测方法有________、________、________、________、________、________。

（2）GB 50325—2010，2013年版规范适用于________、______和______的民用建筑工程室内环境污染控制。

（3）用空气采样器采集样品时，为防止吸收瓶内的吸收液__________影响流量计流量，应在吸收瓶和流量计之间放置__________和________。现场采样时除记录采样流量外，还应记录________和监测点的______和______。标准状态下（273K、101.3kPa）的采样体积计算公式为：________。

（4）气相色谱法分析样品时，进样量的选择是根据________、________、________和________来确定。

（5）吸取5.0mL甲醛标准储备液，置于250mL碘量瓶中，加入0.1mol/L碘溶液30.0mL，立即逐滴加入30g/100mL NaOH溶液至颜色______，静置10min，加入（1+5）盐酸5mL酸化，空白应__________。加入新配制的1g/100mL淀粉指示剂1mL，继续滴至________为终点，同时测定空白。

（6）气相色谱分析中，______部件是分离成败的关键。

（7）民用建筑工程室内空气中甲醛检测，也可采用__________，当发生争议时，应以________的检测结果为准。

二、简答题

（1）在采集甲醛样品时，为什么要采取避光措施，而且选用棕色吸收管采样？

（2）简述 AHMT 分光光度法检测甲醛的原理。

三、计算题

已知某实验室作甲醛标准曲线 $y=0.000556+0.024x$，在某次进行室内甲醛监测中，测得吸光度为 0.115，蒸馏水空白为 0.005，采样速率为 0.5L/min，采样时间为 45min（大气压为 101.3kPa，室温为 20℃），求室内甲醛的浓度？

任务 2　苯的检测

学习提示

苯系物质具有很强的挥发性，会迅速释放到室内空气中造成污染。主要介绍三种苯的检测方法，分别是“二硫化碳提取气相色谱法测定室内空气中的苯”“热解吸气相色谱法测定室内空气中的苯”“气相色谱法测定室内空气中的苯、甲苯、二甲苯”。在学习的过程中，三种方法的原理及测定范围是重点，而色谱条件分析极其结果计算是难点，所以就应注重与实际相结合的学习方法，加强理解。对苯检测的学习建议 4 个学时。

任务概述

苯是挥发性有机化合物，同系物还包括“甲苯”“二甲苯”等，是装饰材料中的常见化学品，日常生活中我们接触到的苯主要来自于室内的装修材料，苯和苯系物是一种常用的化工原材料，通常被用作油漆、涂料、填料的有机溶剂，比如“天那水”和“稀料”，它们的主要成分就是苯、甲苯或二甲苯。

苯系物质具有很强的挥发性，装修使用后会迅速释放到室内空气中造成污染。室内的苯主要来自建筑装饰中使用的大量化工原材料，如涂料、填料及各种有机溶剂等，都含大量有机化合物，经装修后释放到室内。装修中用到的各种胶粘剂是“苯”的另外一个主要来源。目前溶剂型胶粘剂在装饰行业仍有市场，而其中使用的溶剂多数为甲苯，其中含有 30%以上的苯，但因为价格、溶解性、粘结性等原因，仍然被一些企业采用。一些家庭购买的沙发释放出大量的苯，主要原因是生产中使用了含苯高的胶粘剂。装修中使用的防水材料，特别是一些用原粉加稀料配制成防水涂料，施工后 15h 进行检测，室内空气中苯含量仍然超过国家允许最高浓度的 14.7 倍。最后一些低档和假冒的涂料中也存在苯，也是造成室内空气中苯含量超标的重要原因。

苯系物质目前已成为我国室内装饰空气中占前两位的主要污染物，它不仅污染水平高，而且生物毒性大。装修污染苯对人体的危害主要有以下几种形式：

慢性苯中毒主要是对皮肤、眼睛和上呼吸道有刺激作用。经常接触苯，皮肤可因脱脂而变干燥脱屑，有的出现过敏性湿疹。有些患过敏性皮炎、喉头水肿、支气管炎及血小板下降等均与室内有害气体苯有关。

长期吸入苯能导致再生障碍贫血。初期时齿龈和鼻黏膜处有类似坏血病的出血症，并出现神经衰弱等症状，表现为头昏、失眠、乏力等症状。以后出现白细胞减少和血小板减少，导致再生障碍性贫血。

女性对苯及其同系物危害较男性敏感，甲苯、二甲苯、对生殖功能有一定影响。孕期接触甲苯、二甲苯及苯系物时，妊娠高血压综合征、妊娠贫血等症发病率显著增高。

苯及甲苯、二甲苯可导致胎儿的先天性缺陷，这个问题已引起了国内外专家的关注。西方学者曾报道，在整个妊娠间吸入大量苯及甲苯、二甲苯的妇女，她们的婴儿多有小头畸形、中枢神经系统功能障碍及生长发育迟缓等缺陷。

国家标准《室内空气质量标准》（GB/T 18883—2002）规定，室内空气苯的限值为 $0.11mg/m^3$，甲苯的限值为 $0.20mg/m^3$，二甲苯的限值为 $0.20mg/m^3$。室内空气中苯系物的检测非常重要，因此我国室内环境检测中苯是必须检测的项目之一。目前主要方法是气相色谱法。气相色谱法可以同时分别测定苯、甲苯和二甲苯，但是不能直接测定室内空气样品，必须用吸附剂进行浓缩，根据解吸方法不同，可以分为溶剂解吸和热解吸两种。由于溶剂解吸使用的二硫化碳溶剂毒性较大，不利于分析人员的健康，应慎用，建议优先选用热解吸方法。

相关知识

1. 苯的基本性质

苯（benzene，C_6H_6），又名纯苯，安息油，是组成结构最简单的芳香烃。因本品具有良好的溶解性能，被广泛地用作胶粘剂及工业溶剂，例如：清漆、硝基纤维漆的稀释剂、脱漆剂、润滑油、油脂、蜡、赛璐珞、树脂、人造革等溶剂。

（1）物理性质

苯的沸点为80.1℃，熔点为5.5℃，在常温下是一种无色、味甜、有芳香气味的透明液体，易挥发。苯比水密度低，密度为0.88g/mL，但其分子质量比水轻。苯难溶于水，1L水中最多溶解1.7g苯；但苯是一种良好的有机溶剂，溶解有机分子和一些非极性的无机分子的能力很强，除甘油、乙二醇等多元醇外能与大多数有机溶剂混溶。除碘和硫酸溶解外，无机物在苯中不溶解。苯对金属无腐蚀性。

苯能与水生成恒沸物，沸点为69.25℃，含苯91.2%。因此，在有水生成的反应中常加苯蒸馏，以将水带出。

（2）化学性质

苯参加的化学反应大致有三种：一种是其他基团和苯环上的氢原子之间发生的取代反应；一种是发生在苯环上的加成反应（注：苯环无碳碳双键，而是一种介于单键与双键的独特的键）；一种是普遍的燃烧（氧化反应，不能使酸性高锰酸钾褪色）。

（3）危险特性

苯蒸气与空气形成爆炸性混合物，遇明火、高热能引起燃烧爆炸，与氧化剂能发生强烈反应。其蒸气比空气重，能在较低处扩散到相当远的地方，遇吹源引着回燃。若遇高热，容器内压增大，有开裂和爆炸的危险。流速过快，容易产生和积聚静电。

2. 甲苯的基本性质

甲苯（methylbenzene，C_7H_8），又名甲基苯，苯基甲烷，也是有机化工的重要原料，但与同时从煤和石油得到的苯和二甲苯相比，目前的产量相对过剩，因此相当数量的甲苯用于脱烷基制苯或歧化制二甲苯。甲苯衍生的一系列中间体，广泛用于染料、医药、农药、火炸药、助剂、香料等精细化学品的生产，也用于合成材料工业。

（1）物理性质

无色澄清液体，有苯样气味，有强折光性。能与乙醇、乙醚、丙酮、氯仿、二硫化碳和冰乙酸混溶，极微溶于水。相对密度 0.866，凝固点－95℃，沸点 110.6℃，折光率 1.4967，闪点（闭杯）4.4℃，易燃。蒸气能与空气形成爆炸性混合物，爆炸极限 1.2%～7.0%（体积）。

（2）化学性质

化学性质活泼，与苯相像。可进行氧化、磺化、硝化和歧化反应，以及侧链氯化反应，甲苯能被氧化成苯甲酸。

（3）危险特性

易燃，其蒸气与空气可形成爆炸性混合物。遇明火、高热能引起燃烧爆炸，与氧化剂能发生强烈反应。流速过快，容易产生和积聚静电。其蒸气比空气重，能在较低处扩散到相当远的地方，遇明火会引起回燃。

3. 二甲苯的基本性质

二甲苯（dimethylbenzene，C_8H_{10}），为无色透明液体，是苯环上 2 个氢被甲基取代的产物，存在邻、间、对三种异构体。在工业上，二甲苯即指上述异构体的混合物。二甲苯毒性低，美国政府工业卫生学家会议（ACGIH）将其归类为 A4 级，即缺乏对人体、动物致癌性证据的物质。二甲苯的污染主要来自于合成纤维、塑料、燃料、橡胶，各种涂料的添加剂以及各种胶粘剂、防水材料中，还可来自燃料和烟叶的燃烧气体。

（1）物理性质

外观：二甲苯是一种无色透明液体密度，0.86 熔点；邻二甲苯：－25.2℃；间二甲苯：－47.9℃；对二甲苯：13.2℃沸点；邻二甲苯：144.43℃；间二甲苯：139.12℃；对二甲苯：138.36℃。溶解性：不溶于水，溶于乙醇和乙醚。有毒，有刺激性，可通过皮肤吸入。

一般为对二甲苯、邻二甲苯、间二甲苯及乙基苯的混合物，级别一般为净水 3℃和 5℃馏程的优级品。

（2）危险特性

其蒸气与空气形成爆炸性混合物，遇明火、高热能引起燃烧爆炸。与氧化剂能发生强烈反应。其蒸气比空气重，能在较低处扩散到相当远的地方，遇火源引着回燃。若遇高热，容器内压增大，有开裂和爆炸的危险。流速过快，容易产生和积聚静电。

任务解析

1. 执行标准规范

现代用来检测苯含量的可靠方法是气相色谱法和液相色谱法，目前以气相色谱法（GC）为主。针对家庭装修后进行室内空气质量的实际检测，本章主要介绍三种方法。“二硫化碳提取气相色谱法测定室内空气中的苯”，根据国家标准 GB/T 18883—2002 的附录 B《空内空气中苯的检验方法（毛细管气相色语法）》设计；“热解吸气相色谱法测定室内空气中的苯”，根据国家标准《民用建筑工程室内外境污染控制规范》(GB 50325—2010，2013年版)的附录B《室内空气中苯的测定》设计；“气相色谱法测定室内空气中的苯、甲苯、二甲苯”，根据国家标准《居住区大气中苯、甲苯和二甲苯卫生检验标准方法气相色谱法》(GB/T 11737—1989)设计。

2. 检测方法

（1）二硫化碳提取气相色谱法测定室内空气中的苯法

空气中苯系物测定的经典方法为活性炭吸附二硫化碳提取气相色谱法。用椰果型的活性炭管吸附气体中的苯系物，用二硫化碳提取，用气相色谱仪分析的方法。这种分析方法的灵敏度低，并且所用的二硫化碳中常含有不容易去除的苯，在使用二硫化碳之前都要进行纯化以去除杂质。但是该方法可以进行一次采样多次分析，尤其是在分析苯系物之间浓度相差较大时或浓度较高时具有优越性。由于该方法不需要特殊的前处理设备，所以普及性很好，只要装备有气相色谱仪就可以开展。

（2）热解吸气相色谱法测定室内空气中的苯法

热解吸气相色谱法是另外一种测定空气中苯系物的常见分析方法。样品被吸附剂吸附后，用加热的方法将苯系物从吸附剂上脱附，然后用载气将苯系物带到色谱柱中进行分离分析。该方法的灵敏度较高，不需要使用有机试剂，本底值低，对分析影响很小。但是热解吸气相色谱法采用了全量分析，所以只能一次性进样，在无法确定样品浓度时，有时候需要进行多次采样。

（3）气相色谱法测定室内空气中的苯、甲苯、二甲苯法

气相色谱法测定室内空气中的苯、甲苯、二甲苯法具有较高的灵敏度、准确度和精密度。该方法在室内环境司法测定三苯含量中是比较精确的分析方法。

任务实施

1. 二硫化碳提取气相色谱法测定室内空气中的苯

（1）原理

空气中苯用活性炭管采集，然后用二硫化碳提取出来，用毛细管柱或填充柱分离，用配备有氢火焰离子化检测器的气相色谱仪分析，以保留时间定性，峰高定量。

（2）测定范围

采样量为20L时，用1mL二硫化碳提取，进样1μL，测定范围为0.05～10mg/m³。

（3）干扰及其排除

空气中水蒸汽或水雾量太大，以至在活性炭管中凝结时，严重影响活性炭的穿透容量和采样效率。空气湿度在90%以下，活性炭管的采样效率符合要求。空气中的其他污染物干扰，由于采用了气相色谱分离技术，选择合适的色谱分离条件可以消除。

（4）仪器及设备

① 活性炭采样管：用长150mm，内径3.5～4.0mm，外径6mm的玻璃管，装入100mg椰子壳活性炭，两端用少量玻璃棉固定。装好管后再用纯氮气于300～350℃条件下吹20～30min，然后套上塑料帽封紧管的两端。此管放于干燥器中可保存5d。若将玻璃管熔封，此管可稳定3个月。

② 空气采样器：流量范围0.2～1L/min，流量稳定。使用时用皂膜流量计校准采样系统在采样前和采样后的流量，流量误差应小于5%。

③ 注射器：1mL，体积刻度误差应校正。

④ 微量注射器：1μL，10μL，体积刻度误差应校正。

⑤ 具塞刻度试管：2mL。

⑥ 气相色谱仪：附氢火焰离子化检测器。

⑦ 色谱柱：0.53mm×30m大口径非极性石英毛细管柱。

（5）试剂和材料

① 苯：色谱纯。

② 二硫化碳：色谱纯。若为分析纯，需经纯化处理，保证色谱分析无杂峰。

二硫化碳的纯化方法：二硫化碳用5%的浓硫酸甲醛溶液反复提取，直至硫酸无色为止，用蒸馏水洗二硫化碳至中性，再用无水硫酸钠干燥，重蒸馏，储于冰箱中备用。

③ 椰子壳活性炭：20～40目，用于装活性炭采样管。

④ 高纯氮：氮的质量分数为99.999%。

（6）采样和样品保存

在采样地点打开活性炭管，两端孔径至少2mm，与空气采样器入气口垂直连接，以0.5L/min的速度，抽取20L空气。采样后，将管的两端套上塑料帽，并记录采样时的温度和大气压力，填写室内空气采样记录表。样品可保存5d。

（7）色谱分析条件

由于色谱分析条件常因实验条件不向而有差异，所以应根据所用气相色谱仪的型号和性能，制定能分析苯的最佳的色谱分析条件。色谱分析条件可选用以下推荐值，也可根据实验室条件制定最佳分析条件：

填充柱温度：90℃，或毛细管柱温度：65℃；

检测室温度：250℃；

汽化室温度；250℃；

载气：氮气，对于填充柱流量为40mL/min，对于毛细管柱流量为30mL/min；

燃气：氢气，流量为46mL/min；

助燃气：空气，流量为400mL/min。

（8）绘制标准曲线和测定计算因子

在与样品分析相同的条件下，绘制标准曲线和测定计算因子。

配制标准溶液系列，绘制标准曲线：于5.0mL容量瓶中，先加入少量二硫化碳，用1μL微量注射器准确取一定量的苯（20℃时，1μL苯重0.8787mg）注入容量瓶中，加二硫化碳至刻度，配成一定浓度的储备液。临用前取一定量的储备液用二硫化碳逐级稀释成苯含量分别为2.0μg/mL、5.0μg/mL、10.0μg/mL、50.0μg/mL的标准液。取1μL标准液进样，测量保留时间及峰高。每个浓度重复3次，取峰高的平均值。分别以1μL苯的含量为横坐标（μg），平均峰高为纵坐标（mm），绘制标准曲线。计算回归线的斜率，以斜率的倒数B_s（μg/mm）作为样品测定的计算因子。

（9）样品分析

将采样管中的活性炭倒入具塞刻度试管中，加1.0mL二硫化碳，塞紧管塞，放置1h，并不时振摇。取 1μL 进样，用保留时间定性、峰高（mm）定量，每个样品做 3 次分析，求峰高的平均值。同时，取一个未经采样的活性炭管按样品管同样操作，测量空白管的峰（mm）。

（10）结果计算

将采样体积换算成标准状况下的采样体积，按式（2-1-9）计算：

$$V_0 = V \times \frac{T_0}{T} \times \frac{P}{P_0} \tag{2-1-9}$$

式中 V_0——换算成标准状况下的采样体积，L；

V——采样体积，L；

T_0——标准状况的绝对温度，273K；

T——采样时采样点现场的温度（t）与标准状况的绝对温度之和，（t+273）K；

P_0——标准状况下的大气压力，101.3kP；

P——采样时采样点的大气压力，kPa；

空气中苯浓度的计算，按式（2-1-10）计算：

$$c = \frac{(h - h_0) \times B_s}{V_0 \times E_s} \tag{2-1-10}$$

式中 c——空气中苯的浓度，mg/m^3；

h——样品峰高的平均值，mm；

h_0——空白管的峰高，mm；

B_s——计算因子，μg/mm；

E_s——由实验确定的二硫化碳的提取效率（洗脱率）；

V_0——标准状况下的采样体积，L。

（11）注意事项

二硫化碳和苯均为有毒、易挥发、易燃物质，在使用过程中应该注意安全，尽量在通风橱内进行标准溶液的配制。

2. 热解吸气相色谱法测定室内空气中的苯

（1）原理

空气中苯用活性炭管采集，然后用热解吸方法提取出来，用毛细管柱或填充柱分离，用配有氢火焰离子化检测器的气相色谱仪分析，以保留时间定性、峰高定量。

（2）仪器及设备

① 采样器：采样过程中流量稳定，流量范围 0.1～0.5L/min。

② 热解吸装置：能对吸附管进行热解吸，解吸温度、载气流速可调。

③ 气相色谱仪：配备氢火焰离子化检测器。

④ 色谱柱：毛细管柱或填充柱。毛细管柱长 30～50m，内径 53mm 或 32mm 石英柱，内涂覆二甲基聚硅氧烷或其他非极性材料；填充柱长 2m，内径 4mm 不锈钢柱，内填充聚乙二醇 6000-6201 担体（5∶100）固定相。

⑤ 注射器：1μL、10μL、1mL、10mL，注射器若干个。

⑥ 电热恒温箱：适用于热解吸后手工进样酌气相色谱法，可保持 60℃恒温。

（3）试剂和材料

① 活性炭吸附管：内装100mg椰子壳活性炭吸附剂的玻璃管或内壁光的不锈钢管，使用前应通氮气加热活化，活化温度为300～350℃，活化时间不少于10min，活化至无杂质峰。

② 标准品：苯标准溶液或标准气体。

③ 载气：氮气（纯度不小于99.999%）。

（4）采样和样品保存

应在采样地点打开吸附管，与空气采样器入气口垂直连接，调节流量在0.3～0.5L/min，用皂膜流量计校准采样系统的流量，采集约10L空气，记录采样时间、采样流量、温度和大气压。填写室内空气采样记录表。采样后，取下吸附管，密封吸附管的两端，做好标识，放入可密封的金属或玻璃容器中。样品可保存5d。

注意：采集室外空气样品，应与采集室内空气样品同步进行，地点宜选择在室外风向处。

（5）色谱分析条件

由于色谱分析条件常因实验条件不同而有差异，所以应根据所用气相色谱仪的型号和性能，制定能分析苯的最佳的色谱分析条件。色谱分析条件可选用以下推荐值，也可根据实验室条件制定最佳分析条件：

填充柱温度：90℃，或毛细管柱温度：60℃；

检测室温度：150℃；

汽化室温度：150℃；

载气：氮气，流量力50mL/min。

（6）绘制标准曲线和测定计算因子

在与样品分析相同的条件下，绘制标准曲线和测定计算因子。

标准系列：准确抽取浓度约1mg/m^{3}的标准气体100mL、200mL、400mL、1L、2L通过吸附管（或根据标准物质的浓度选定标准曲线浓度系列）。用热解吸气相色谱法分析吸附管标准系列，以苯的含量（μg）为横坐标，峰高为纵坐标，分别绘制标准曲线。

热解吸直接进样的气相色谱法。将吸附管置于热解吸直接进样装置中，350℃解吸后，解吸气体直接由进样阀进入气相色谱仪，进行色谱分析，以保留时间定性、峰高定量。

热解吸后手工进样的气相色谱法。将吸附管置于热解吸装置中，与100mL注射器（经60℃预热）相连，用氮气以50mL/min的速度于350℃下解吸，解吸体积为50mL，于60℃平衡30min，取1mL平衡后的气体注入气相色谱仪，进行色谱分析，以保留时间定性、峰高定量。

（7）样品分析

每支样品吸附管及未采样管，按标准系列相同的热解吸气相色谱分析方法进行分析，以保留时间定性、峰高定量。

（8）结果计算

空气样品中苯的浓度按式（2-1-11）计算：

$$c=\frac{m_i-m_0}{V} \qquad (2\text{-}1\text{-}11)$$

式中　c——所采空气样品中苯浓度，mg/m^3；

m_i——样品管中苯的量，μg；

m_0——未采样管中苯的量，μg；

V——实际空气采样体积，L。

空气样品中苯的浓度按式（2-1-12）换算成标准状况下的浓度：

$$c_c = c \times \frac{101.3}{P} \times \frac{t+273}{273} \tag{2-1-12}$$

式中　c_c——标准状况下所采空气样品中苯的浓度，mg/m^3；

P——采样时采样点的大气压力，kPa；

t——采样时采样点的温度,℃。

（9）注意事项

当与挥发性有机化合物有相同或几乎相同的保留时间的组分干扰测定时，宜通过选择适当的气相色谱柱，或调节分析系统的条件，将干扰减到最低。

热解吸后手工进样时，要注意标准曲线和样品应同条件操作。

热解吸后手工进样时，将1mL的气体由注射器注入色谱柱时注意用手顶住注射器，否则因柱前压较高而将注射器的针芯顶出，会引起危险，并导致进样失败。

3. 气相色谱法测定室内空气中的苯、甲苯、二甲苯

（1）原理

空气中苯、甲苯和二甲苯采用活性炭管采集，然后经热解吸或用二硫化碳提取出来，再经聚乙二醇6000色谱柱分离，用氢火焰离子化检测器检测出来，以保留时间定性、峰高定量。

（2）测定范围

当用活性炭管采样10L，热解吸时，苯的测量范围为0.005～10mg/m^3，甲苯为0.01～10mg/m^3，二甲苯为0.02～10mg/m^3，用1mL二硫化碳提取，进样1μL，苯的测量范围为0.025～20mg/m^3，甲苯为0.05～20mg/m^3，二甲苯为0.1～20mg/m^3。

（3）仪器及设备

① 活性炭采样管：用长150mm、内径3.5～4.0mm，外径6mm的玻璃管，装入100mg椰子壳活性炭，两端用少量玻璃棉固定。装管后再用纯氮气于300～350℃条件下吹5～10min，然后套上塑料帽封紧管的两端。此管放于干燥器中可保存5d，若将玻璃管熔封，此管可稳定3个月。

② 空气采样器：流量范围0.2～1L/min，流量稳定。使用时用皂膜流量计校准采样系统在采样前和采样后的流量，流量误差应小于5%。

③ 注射器：1mL，100mL，体积刻度误差应校正。

④ 微量注射器：1μL，10μL，体积刻度误差应校正。

⑤ 热解吸装置：主要由加热器、控温器、测温表及气体流量控制器等部分组成。调温范围为100～400℃，控温精度±1℃，热解吸气体为氮气，流量调节范围为50～100mL/min，读数误差±1mL/min。所用热解吸装置的结构应使活性炭管能方便地插入加热器中，并且各部分受热均匀。

⑥ 具塞刻度试管：2mL。

⑦ 气相色谱仪：配备氢火焰离子化检测器。

⑧ 色谱柱：长2m、内径4mm不锈钢体，内填充聚乙二醇6000-6201担体（5∶100）固定相。

（4）试剂和材料

① 苯、甲苯、二甲苯：色谱纯。

② 二硫化碳：分析纯，需经纯化处理。

③ 色谱固定液：聚乙二醇 6000。

④ 6201 担体：60～80 目。

⑤ 椰子壳活性炭：20～40 目，装入活性炭采样管。

⑥ 纯氮：99.99%。

（5）采样和样品保存

在采样地点打开活性炭管，两端孔径至少 2mm，与空气采样器入气口垂直连接，以 0.5L/min 的速度，抽取 10L 空气。采样后，将管的两端套上塑料帽，并记录采样时的温度和大气压力，填写室内空气采样记录表。样品可保存 5d。

（6）色谱分析条件

由于色谱分析条件常因实验条件不同而有差异，所以应根据所用气相色谱仪的型号和性能，制定能分析苯、甲苯和二甲苯的最佳色谱分析条件。

（7）绘制标准曲线和测定计算因子

在与样品分析相同的条件下，绘制标准曲线和测定计算因子。

用混合标准气体绘制标准曲线。用微量注射器准确取一定量的苯、甲苯和二甲苯（20℃时，1μg 苯重 0.8787mg，甲苯重 0.8669mg，邻、间、对二甲苯分别重 0.8802mg、0.8642mg、0.8611mg），分别注入 100mL 注射器中，以氮气为本底气，配成一定浓度的标准气体。取一定量的苯、甲苯和二甲苯标准气体分别注入向一个 100mL 注射器中相混合，再用氮气逐级稀释成 0.02～2.0μg/mL 范围内 4 个浓度点的苯、甲苯和二甲苯的混合气体。取 1mL 进样，测量保留时间及峰高。每个浓度重复 3 次，取峰高的平均值。分别以苯、甲苯和二甲苯的含量（μg/mL）为横坐标，平均峰高（mm）为纵坐标，绘制标准曲线。计算回归线的斜率，以斜率的倒数 B_g [μg/（mL·mm)] 作样品测定的计算因子。

用标准溶液绘制标准曲线。在 3 个 50mL 容量瓶中先加入少量二硫化碳，用 10μL 注射器准确量取一定量的苯、甲苯和二甲苯分别注入容量瓶中，加二硫化碳至刻度，配成一定浓度的储备液。临用前取一定量的储备液用二硫化碳逐级稀释成苯、甲苯和二甲苯含量为 0.005μg/mL、0.01μg/mL、0.05μg/mL、0.2μg/mL 的混合标准液。分别取 1μL 进样，测量保留时间及峰高，每个浓度重复 3 次，取峰高的平均值，以苯、甲苯和二甲苯的含量（μg/μL）为横坐标，平均峰高（mm）为纵坐标，绘制标准曲线。计算回归线的斜率，以斜率的倒数作样品测定的计算因子 B_s [μg/（mL·mm)]。

测定校正因子。当仪器的稳定性能差，可用单点校正法求校正因子。在样品测定的同时，分别取零浓度和与样品热解吸气（或一硫化碳提取液）中含苯、甲苯和二甲苯浓度相接近的标准气体 1mL 或标准溶液 1μL，按绘制标准曲线的操作方法，测量零浓度和标准的色谱峰高（mm）和保留时间，用式（2-1-13）计算校正因子：

$$f=\frac{c_s}{h_s-h_0} \tag{2-1-13}$$

式中　f——校正因子，μg/（mL·mm）（对热解吸气样）或 μg/（mL·mm）（对二硫硫化碳提取液样）；

c_s——标准气体或标准溶液浓度，μg/mm 或 μg/μL；

h_0、h_s——零浓度、标准的平均峰高，mm。

（8）样品分析

热解吸法进样。将已采样的活性炭管与 100mL 注射器相连，置于热解吸装置上，用氮气以 50～60mL/min 的速度于 350℃下解吸，解吸体积为 100mL，取 1mL 解吸气进色谱柱，用保留时间定性、峰高（mm）定量。每个样品做 3 次分析，求峰高的平均值。同时，取一个未采样的活性炭管，按样品管同样操作，测定空白管的平均峰高。

二硫化碳提取法进样。将活性炭倒入具塞刻度试管中，加 1.0mL 二硫化碳，塞紧管塞，放置 1h，并不时振摇，取 1μL 进色谱中，用保留时间定性、峰高（mm）定量。每个样品作 3 次分析，求峰高的平均值。同时，取一个未经采样的活性炭管按样品管同样操作，测量空白管的平均峰高（mm）。

（9）结果计算

将采样体积按式（2-1-14）换算成标准状况下的采样体积：

$$V_0 = V \times \frac{T_0}{T} \times \frac{P}{P_0} \tag{2-1-14}$$

式中　V_0——换算成标准状况下的采样体积 L；

V——采样体积，L；

T_0——标准状况的绝对温度，273K；

T——采样时采样点现场的温度（t）与标准状况的绝对温度之和，（t+273）K；

P_0——标准状况下的大气压力，101.3kPa；

P——采样时采样点的大气压力，kPa。

用热解吸法时，空气中苯、甲苯和二甲苯浓度按式（2-1-15）计算：

$$c = \frac{(h - h_0) \times B_g}{V_0 \times E_g} \times 100 \tag{2-1-15}$$

式中　c——空气中苯或甲苯、二甲苯的浓度，mg/m^3；

h——样品峰高的平均值，mm；

h_0——空白管的峰高，mm；

B_g——由用混合标准气体绘制标准曲线得到的计算因子，μg/（mL·mm）；

E_g——由实验确定的热解吸效率。

用二硫化碳提取法时，空气中苯、甲苯和二甲苯浓度按式（2-1-16）计算：

$$c = \frac{(h - h_0) \times B_s}{V_0 \times E_s} \times 1000 \tag{2-1-16}$$

式中　c——空气中苯或甲苯、二甲苯的浓度，mg/m^3；

h——样品峰高的平均值，mm；

h_0——空白管的峰高，mm；

B_s——由用混合标准气体绘制标准曲线得到的计算因子，μg/（mL·mm）；

E_s——由实验确定二硫化碳提取的效率。

用校正因子时空气中苯、甲苯、二甲苯浓度按式（2-1-17）计算：

$$c = \frac{(h - h_0) \times f}{V_0 \times E_g} \times 100 \quad 或 \quad c = \frac{(h - h_0) \times f}{V_0 \times E_s} \times 1000 \tag{2-1-17}$$

式中　f——校正因子，$\mu g/(mL \cdot mm)$（对热解吸气样）或 $\mu g/(\mu L \cdot mm)$（对二硫化碳提取液样）。

（10）注意事项

外标法测定要注意取样和进样必须准确。

气相色谱分析时，色谱条件应根据色谱仪的条件进行设置填充柱，也可以采用毛细管柱，需要注意的是进样量不同。

任务小结

1. 苯系物测定法特点

空气中苯系物测定的经典方法为活性炭吸附二硫化碳提取气相色谱法，用椰果型的活性炭管吸附气体中的苯系物，用二硫化碳提取，用气相色谱仪分析的方法。这种分析方法的灵敏度低，并且所用的二硫化碳中常含有不容易去除的苯，在使用二硫化碳之前都要进行纯化以去除杂质。但是该方法可以进行一次采样多次分析，尤其是在分析苯系物之间浓度相差较大时或浓度较高时具有优越性。由于该方法不需要特殊的前处理设备，所以普及性很好，只要装备有气相色谱仪就可以开展。

2. 方法的最新进展

对于大气中苯系物的分析既可以采用装配有氢离子火焰检测器（FID）的气相色谱仪，也可以采用气相色谱质谱联用仪来分析。用气相色谱质谱分析可以更为准确的定性，但是检出限要比FID要高，FID的优点是具有更低的检出限和更低廉的成本。美国EPA To-15是较为先进的分析大气中挥发性有机物的方法。TO-15利用了SUMMA罐被动采集大气中的挥发性有机物，通过低温预浓缩系统处理之后，用气相色谱质谱分析。由于是被动采样，所以采样时间短，不需要借助任何工具；缺点是分析仪器成本过于昂贵，介于我国国情，不具备普及性。

在快速分析领域，有很多便携式分析仪器，在应对环境污染事故中可以起到快速检测的目的。例如，快速VOC检测仪只能检测出VOC的总量，对于具体组分无法给出具体数据。快速傅立叶气体检测仪对于纯度较高的苯系物气体可以迅速定性，但无法定量。美国英富康公司的便携式气相色谱质谱仪能够在事故现场进行快速定性定量，在处理环境污染事故中得到很好的应用。

固体吸附热脱附气相色谱法是另外一种测定空气中苯系物的常见分析方法。样品被吸附剂吸附后，用加热的方法将苯系物从吸附剂上脱附，然后用载气将苯系物带到色谱柱中进行分离分析，该方法的灵敏度较高、不需要使用有机试剂、本底值低，对分析影响很小。但是固体吸附热脱附方法采用了全量分析，所以只能一次性进样，在无法确定样品浓度时，有时候需要进行多次采样。

课后自测

1. 室内空气中苯超标有何危害？

2. 气相色谱定量分析时，若采用标准曲线法（又称外标法），在实验操作条件和进样上有何要求？

3. 请对比二硫化碳提取气相色谱法和热解吸气相色谱法测定室内空气中的苯有何异同？

任务3 TVOC的检测

学习提示

TVOC检测方法是本任务的学习重点，TVOC成分复杂、来源广泛、危害性大，理解VOC与TVOC之间的联系与区别。本任务的难点在对TVOC组分的认识，重点是根据所学习的理论指导能够正确实施检测过程并得出正确的检测结果。

学习过程中应注重与实际相结合的学习方法，任务理论部分建议2～4个学时完成，实践操作部分建议2个学时完成。

任务介绍

本任务的目的是完成对室内环境中TVOC的污染程度的检测。随着人们物质文化生活水平的提高和住房条件的改善，室内装修已成为一种时尚，而建筑、装修和家具造成的室内环境污染也成为人类健康的大敌，其中TVOC的污染，它的毒性、刺激性、致癌性和特殊的气味性会影响皮肤和黏膜，对人体产生急性损害。TVOC能引起机体免疫水平失调，影响中枢神经系统功能，出现头晕、头痛、嗜睡、无力、胸闷等自觉症状，还可能影响消化系统，出现食欲不振、恶心等，严重时可损伤肝脏和造血系统，出现变态反应等。因此，应密切监测室内空气中TVOC的含量，尽早采取措施减少室内空气污染。

相关知识

1. 物质简介

总挥发性有机化合物（Total Volatile Organic Compounds，TVOC）是一种混合物，组成极其复杂，其中除醛类外，常见的还有苯、甲苯、二甲苯、三氯乙烯、三氯甲烷、萘、二异氰酸酯类等，主要来源于各种涂料、粘合剂及各种人造材料等。所以从广义上说，任何液体或固体在常温常压下自然挥发出来的有机物都可以算是总挥发性有机化合物。

《室内空气质量标准》（GB/T 18883—2002）“术语和定义”中规定，总挥发性有机化合物是指利用Tenax GC或Tenax TA采样，非极性色谱柱（极性指数<10）进行分析，保留时间在正己烷和正十六烷之间的挥发性有机化合物。

《民用建筑工程室内环境污染控制规范》（GB 50325—2010，2013年版）中所说的TVOC，是指在特定的试验条件下，所测定的材料和空气中挥发性有机化合物的总量。

挥发性有机化合物（Volatile Organic Compounds，VOC）是非工业环境中最常见的空气污染物之一。常见的VOC，有苯乙烯、丙二醇、甘烷、酚、甲苯、乙苯、二甲苯、甲醛等。所以VOC与TVOC是既有区别又相类似的两个概念。

两者之间的关系表述比较明确的是：TVOC是欧盟用来表征VOC总量所定义出来的一个值。也就是说VOC是一大类化合物，TVOC是检测时用来表征VOC总量的一个数值，特别是在室内环境检测方面，现在已经被普遍采用。

2. 人体危害

TVOC 是对室内空气品质影响较为严重的一种。TVOC 是指室温下饱和蒸气压超过了133.32Pa 的有机物，其沸点在 50～250℃，以在常温下可以蒸发的形式存在于空气中，它的毒性、刺激性、致癌性和特殊的气味性会影响皮肤和黏膜，对人体产生急性损害。TVOC 的主要成分是烃类、卤代烃、氧烃和氮烃，它包括：苯系物、有机氯化物、氟利昂系列、有机酮、胺、醇、醚、酯、酸和石油烃化合物等。

一般 TVOC 是作为室内 IAQ 的指示指标来评价暴露的 VOC 产生的健康和不舒适反应，VOC 确定的和怀疑的危害主要包括五个方面：嗅觉不舒适（确定）、感觉性刺激（确定）、局部组织炎症反应（怀疑）、过敏反应（怀疑）、神经毒害作用（怀疑）。VOC 暴露与健康效应的剂量反应关系见表 2-1-3。

表 2-1-3　TVOC 剂量与健康效应

TVOC（mg/m^3）	健康效应	分类
＜0.2	无刺激，无不适反应	不影响健康
0.2～3.0	与其他因素联合作用，可能出现刺激与不适	有感
3.0～25	出现刺激与不适，出现联合作用时，头痛、头昏	不适
＞25	头痛、头昏，出现其他神经毒害作用	中毒

3. 来源

TVOC 的主要来源在室外主要来自燃料燃烧和交通运输，而在室内则主要来自燃煤和天然气等燃烧产物、吸烟、采暖和烹调等的烟雾，建筑和装饰材料、家具、家用电器、清洁剂和人体本身的排放等，有近千种之多。在室内装饰过程中，TVOC 主要来自油漆涂料和胶粘剂。室内多种芳香烃和烷烃主要来自汽车尾气（76％～92％）。一般油漆中 TVOC 含量 0.4～1.0mg/m^3，由于 TVOC 具有强挥发性，一般情况下油漆施工后的 10h 内可挥发出 90％，而溶剂中的 TVOC 则在油漆风干过程只释放总量的 25％。

车内 TVOC 污染源主要来源于新车体自身，如车内的座椅、座套、地板等各种材料含有的苯、甲醛、丙酮、二甲苯等有害物质，其次是来源于车内装饰，第三是车内空间狭小密封性比较好，人体排出的二氧化碳等有害物质越来越多也容易造成污染。目前车内各种有害气体的浓度和含量参照室内空气检测标准来检测。

室内环境空气中 TVOC 的主要来源整理后有以下几个方面，见表 2-1-4。

表 2-1-4　室内空气中 VOC 污染物的来源

序号	来源	说明
1	室外污染排放	涉及 VOC 企业生产过程中的不达标排放
2	汽车尾气	汽车尾气排放，烷烃、芳烃占室内该组分比例较大
3	有机溶剂	油漆、胶粘剂、涂料、化妆品、洗涤剂等
4	建筑材料	人造板及其制品、泡沫隔热材料、塑料板材等
5	装饰材料	地毯、壁纸、各种装饰品等
6	生活、办公用品	消毒剂、杀虫剂、清洁剂等化学品；电视机、复印机等电器
7	燃烧烹饪	取暖、烹饪等煤气、天然气的燃烧排气
8	吸烟	香烟烟雾

任务解析

1. 执行标准规范及基本要点

室内空气中 TVOC 的检测，是现场采样后，将采样管带回实验室，经热解吸后经气相色谱分析，其执行标准及基本要点见表 2-1-5。

表 2-1-5　室内空气中 TVOC 检测标准及基本要点

执行标准	GB 50325—2010，2013 年版	GB/T 18883—2002
检测方法	附录 G《室内空气中总挥发性有机化合物（TVOC）的测定》	附录 C《室内空气中总挥发性有机化合物（TVOC）的检测方法（热解吸/毛细管气相色谱法）》
依据流程	参考 ISO 16017—1，简化流程： 吸附管→热解吸仪→色谱柱	ISO 16017—1，标准流程： 吸附管→热解吸仪→冷阱（预浓缩）→加热（快速解吸）→色谱柱
采样体积	1～15L	1～10L
采样管 吸附剂	玻璃管或不锈钢管 Tenax-TA：内装 200mg	不锈钢管 Tenax-Ga 或者 Tenax-TA
毛细管柱 固定液	长 30～50m，内径 0.32mm 或 0.53mm 石英柱，内涂覆二甲苯聚硅氧烷，膜厚 1～5μm	50m×0.22mm 石英柱，内涂覆二甲苯聚硅氧烷，或 7%的氰基丙烷、7%的苯基、84%的甲苯硅氧烷，膜厚 1～5μm
热解吸后 进样方法	① 热解吸后直接进样，以一定分流比进色谱柱； ② 热解吸后至一定体积，取 1mL 样品进样	热解吸后直接进样，以一定分流比进色谱柱。
标准品	苯、甲苯、对（间）二甲苯、邻二甲苯、苯乙烯、乙苯、乙酸丁酯、十一烷	苯、甲苯、对（间）二甲苯、邻二甲苯、苯乙烯、乙苯、乙酸丁酯、十一烷

2. 检测方法

TVOC 的检测比较复杂，实践分为现场检测和实验室检测两种，其中现场检测精度稍低，可用于样品初筛或精准度要求不高的检测，实验室检测对设备要求较高，根据《民用建筑工程室内环境污染控制规范》(GB 50325—2010，2013 年版) 要求使用气相色谱法。

采样前处理和活化采样管和吸附剂，使干扰减到最小；选择合适的色谱柱和分析条件，本法能将多种挥发性有机物分离，使共存物干扰问题得以解决。

测定范围：本法适用于浓度范围为 0.5～100mg/m^{3}之间的空气中 VOC$_S$的测定。适用场所：室内环境和工作场所空气，也适用于评价小型或大型测试舱室内材料的释放。

任务实施

1. 热解吸/毛细管气相色谱法

(1) 原理

选择合适的吸附剂（Tenax GC 或 Tenax TA），用吸附管采集一定体积的空气样品，空气流中的挥发性有机化合物保留在吸附管中。采样后，将吸附管加热，解吸挥发性有机化合物，待测样品随惰性载气进入毛细管气相色谱仪。用保留时间定性，峰高或峰面积定量。

（2）仪器设备

① 吸附管：外径6.3mm、内径5mm、长90mm内壁抛光的不锈钢管。吸附管的采样入口一端有标记，吸附管可以装填一种或多种吸附剂，应使吸附层处于解吸仪的加热区。根据吸附剂的密度，吸附管中可装填200～1000mg的吸附剂，管的两端用不锈钢网或玻璃纤维毛堵住。如果在一支吸附管中使用多种吸附剂，吸附剂应按吸附能力增加的顺序排列，并用玻璃纤维毛隔开，吸附能力最弱的装填在吸附管的采样入口端。

② 注射器：10mL液体注射器；10mL气体注射器；1mL气体注射器。

③ 采样泵：恒流空气个体采样泵，流量范围0.02～0.5L/min，流量稳定。使用时用皂膜流量计校准采样系统在采样前和采样后的流量。流量误差应小于5%。

④ 气相色谱仪：配备氢火焰离子化检测器、质谱检测器或其他合适的检测器。

⑤ 色谱柱：非极性（极性指数<10）石英毛细管柱。

⑥ 热解吸仪：能对吸附管进行二次热解吸，并将解吸气用惰性气体载带进入气相色谱仪。解吸温度、时间和载气流速是可调的，冷阱可将解吸样品进行浓缩。

⑦ 液体外标法制备标准系列的注射装置：常规气相色谱进样口，可以在线使用也可以独立装配，保留进样口载气连线，进样口下端可与吸附管相连。

（3）材料

① 分析过程中使用的试剂应为色谱纯，如果为分析纯，需经纯化处理，保证色谱分析无杂峰。

② VOC_S：为了校正浓度，需用VOC_S作为基准试剂，配成所需浓度的标准溶液或标准气体，然后采用液体外标法或气体外标法将其定量注入吸附管。

③ 稀释溶剂：液体外标法所用的稀释溶剂应为色谱纯，在色谱流出曲线中应与待测化合物分离。

④ 吸附剂：使用的吸附剂粒径为0.18～0.25mm（60～80目），吸附剂在装管前都应在其最高使用温度下，用惰性气流加热活化处理过夜。为了防止二次污染，吸附剂应在清洁空气中冷却至室温，储存和装管。解吸温度应低于活化温度，由制造商装好的吸附管使用前也需活化处理。

⑤ 高纯氮：99.999%。

（4）检测

检测指标：苯、甲苯、乙酸丁酯、乙苯、二甲苯、苯乙烯、正十一烷。

色谱柱：TVOC专用色谱柱50m。

柱温：初温50℃，初时10min 5℃/min；终温250℃，终时2min。

载气：氮气0.05MPa。

汽化：220℃。

检测器：FID 250℃。

① 仪器设备

气相色谱仪（图1-3-1）：需带有氢火焰离子化检测。

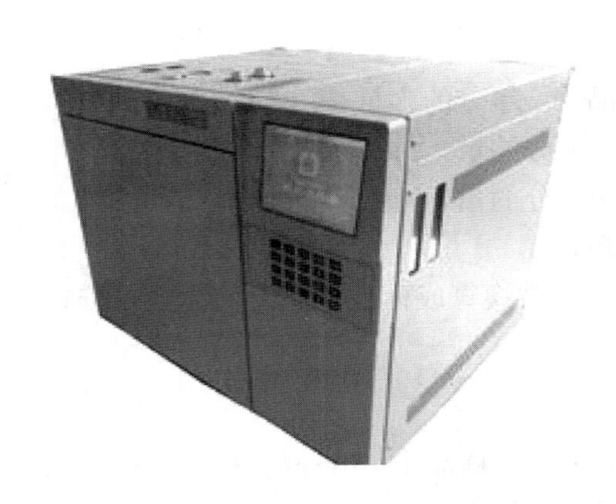

温控	检测器 FID
控温范围：室温上 7～400℃（增量 0.1℃）	检测限：≤5×（10～12）g/s（正十六烷）
程升阶数：三阶	基线噪声：≤6×（10～12）A/H
程升速率：0.1～50℃/min（增量 0.1℃）	线性范围：≥105
	稳定时间：<20min
检测器 TCD	检测器 FPD
敏感度：≥10000mV·mL/mg（正十六烷）	检测限：≤5×（10～12）g/s（N）
基线噪声：≤30uV（载气为 99.999 的氢气）	基线噪声：≤2×（10～13）A/H

图 1-3-1　GC-2020 型气相色谱仪

毛细管柱：内涂覆二甲基聚硅氧烷的石英柱，长 50m，内径 0.3mm，采取程序升温 50～250℃，初始温度为 50℃，保持 10min，升温速率为 5℃/min，分流比 1∶1～10∶1。

热解吸装置。

空气采样器：0～2L/min。

注射器：10μL，1mL 若干。

② 试剂及材料

标准品：TVOC 标样一套或色谱纯试剂甲醛、苯、甲苯、对（间）二甲苯、邻二甲苯、苯乙烯、乙苯、乙酸丁酯、十一烷，Tenax-TA 吸附管。

③ 采样

以 0.5L/min 速度抽取约 10L 空气，记录采样时的温度、大气压。

④ 样品测定

⑤ 解吸条件

温度：300℃；流速：40mL/min；时间：10min；载气：N_2（纯度不小于 99.99%）。

⑥ 制备标准溶液系列

⑦ 分析每个标准溶液，记录峰面积，峰面积的对数为横坐标，以对应组分浓度的对数为纵坐标，绘制标准曲线图。

⑧ 样品测定：以保留时间定性，记录峰面积并从标准曲线上查得样品中各组分的量。

⑨ 检测结果按式（2-1-18）计算：

$$c_m = \frac{M_i - M_0}{V} \times 1000 \quad (2\text{-}1\text{-}18)$$

式中　c_m——所采空气样品中 i 组分的含量，$\mu g/m^3$；

M_i——被测样品中 i 组分的量，μg；

M_0——空白样品中 i 组分的量，μg；

V——空气采样体积，L。

空气样品中各组分含量应被换算成标准状态下的含量，按式（2-1-19）计算：

$$c_c = c_m \times \frac{101}{P} \times \frac{t + 273}{273} \times \frac{1}{1000} \quad (2\text{-}1\text{-}19)$$

式中　c_c——标准状态下所采空气样品中 i 组分的含量，mg/m^3；

P——采样点采样时的大气压力，kPa；

t——采样点采样时的大气温度，℃。

计算标准状态下样品中总挥发性有机化合物（TVOC）的含量，按式（2-1-20）计算：

$$\text{TVOC} = \sum_{i=0}^{i=n} c_c \quad (2\text{-}1\text{-}20)$$

式中　TVOC——标准状态空气样品中总挥发性有机化合物的含量，mg/m^3。

任务小结

由于苯和苯系物是 TVOC 的重要组成，所以有些只检测 TVOC，而不检测苯以及苯系物；也有只检测总苯，而不检测 VOC；还有一些单位则两者都检测，这主要是取决于要求和条件。检测 TVOC 的技术设备条件要求较高，通常都采用气相色谱法，但也有采用傅里叶变换红外光谱法、荧光光谱法、离子色谱法和反射干涉光谱法等。

采用气相色谱法检测时应注意：

① 检测下限：采样量为 10L 时，检测下限为 0.5mg/m^3。

② 线性范围：106。

③ 精密度：在吸附管上加入 10μg 的混合标准溶液，TenaxTA 的相对标准差范围为 0.4%～2.8%。

④ 准确度：20℃、相对湿度为 50%的条件下，在吸附管上加入 10mg/m^3 的正己烷，Tenax TA、Tenax GR（5 次测定的平均值）的总不确定度为 8.9%。

⑤ 应对保留时间在正己烷和正十六烷之间的所有化合物进行分析，计算 TVOC，包括色谱图中从正己烷到正十六烷之间的所有化合物。根据单一的校正曲线，对尽可能多的 VOC_S 定量，至少应对 10 个最高峰进行定量，最后与 TVOC 一起列出这些化合物的名称和浓度。

课后自测

1. TVOC 对人体有哪些危害？
2. 如何治理 TVOC？
3. TVOC 指的是什么？都包含哪些物质？
4. 怎样测定空气中的 TVOC？

任务4　苯并芘的检测

学习提示

苯并芘是非直接致癌性物质，苯并芘的来源与人的活动密切相关，其危害及检测方法是本任务的学习重点，理解其检测的原理、掌握检测的方法。本任务的难点在于完成任务理论部分的学习后，根据所学习的理论指导能够准确进行相应的操作并得出正确的检测结果。

学习过程中应注重与实际相结合的学习方法，任务理论部分建议2个学时完成，实践操作部分建议2个学时完成。

任务概述

本任务的目的是完成对室内环境中苯并芘污染程度的检测。随着人们物质文化生活水平的提高和住房条件的改善，室内装修已成为一种时尚，而建筑、装修和家具造成的室内环境污染也成为人类健康的大敌，其中，苯并芘的污染3,4-苯并芘释放到大气中以后总是和大气中各种类型微粒所形成的气溶胶结合在一起，在8μm以下的可吸入尘粒中吸入肺部的比率较高，经呼吸道吸入肺部进入肺泡甚至血液，导致肺癌和心血管疾病。因此，应密切监视室内空气中苯并芘的含量，尽早采取措施减少室内空气污染。

相关知识

1. 物质简介

苯并芘又称苯并［α］芘（Benzoapyrene），化学式：$C_{20}H_{12}$，英文缩写BaP，别名：3,4-苯并芘、多环芳烃（PAH）、稠环芳烃，是环多环芳香烃类，结晶为黄色固体。这种物质是在300～600℃之间的不完全燃烧状态下产生。苯并芘存在于煤焦油中，而煤焦油可见于汽车废气（尤其是柴油引擎）、烟草与木材燃烧产生的烟，以及炭烤食物中。苯并芘为一种突变原和致癌物质，从18世纪以来，便被发现与许多癌症有关，其在体内的代谢物二羟环氧苯并芘，产生致癌性的物质。苯并芘存在于主流烟气中、侧流烟气中，有毒。IARC致癌性评估：证据充分，引发活性。

据有关资料显示BaP在哺乳动物体内的代谢和降解产物主要是：1,2-二羟基-1,2-二氢苯并芘；9,10-二羟基-9,10-二氢苯并芘；6-羟基苯并芘；3-羟基苯并芘；1,6-二羟基苯并芘；3,6-二羟基苯芘；苯并芘二酮；苯并芘-3,6-二酮（IRPTC）。

2. 人体危害

BaP在大气中的化学半衰期在有日光照射下少于1d，没有日光照射时要数天。水体表层中的BaP在强烈照射下半衰期为几小时至十几小时，土壤中BaP的降解速度8d估计为53%～82%。微生物能促使BaP降解速度加快，在河口底泥中3h为71%，在无阳光照射下水中BaP的生物降解速度35～40d为80%～95%。在水体土壤和作物中，BaP都容易残留。许多国家都进行过土壤中BaP含量调查，残留浓度取决于污染原的性质与距离。在繁忙的公路两旁的土壤中，BaP 含量为 2.0mg/kg，在炼油厂附近土壤中是 200mg/kg，被煤焦油沥青污染的土壤中可以高达 650mg/kg。食物中的 BaP 残留浓度取决于附近是否有工业区或交通要道，进入食物链的量决定于烹调方法，不适当的油炸可能使 BaP 含量升高，但进入人体组织后分解速度比较快。水中的 BaP 主要是由于工业“三废”排放，残留时间一般不太长，特别在阳光和微生物影响下数小时内就被代谢和降解。水生生物对 BaP 的富集系数不高，在 0.1μg/L 浓度水中，鱼对 BaP 的富集系数 35d 为 61 倍，清除 75%的时间为 5d。

3. 来源

BaP 存在于煤焦油、各类炭黑和煤，及焦化、炼油沥青、塑料等工业污水中。肉和鱼中的 BaP 含量取决于烹调方法，水果、蔬菜和粮食中的 BaP 含量取决于其来源。主要来自洗刷大气的雨水水中的 BaP 以吸附于某些颗粒上、溶解于水中和呈胶体状态等三种形式存在，其中大部分吸附在颗粒物质上。日光照射下，大气中的 BaP 化学半衰期不足 24h，没有日光照射为数日。水中的 BaP 在强烈日光照射下半衰期为几小时至十几小时，土壤中 BaP 的降解速度 8d 约为 53%～82%，对酸碱较稳定，日光照射能促使分解速度加快，水体进入人体后分解速度比较快。水中的 BaP 主要来自工业排放。BaP 被认为是高活性致癌剂，但并非直接致癌物，必须经细腻微粒体中的混合功能受氧化酶激活才具有致癌性。BaP 不仅广泛存在于环境中，而且与其他多环芳烃的含量不一定有相关性，长期生活在含 BaP 的空气环境中会造成慢性中毒。许多国家的动物实验证明，BaP 具有致癌、致畸、致突变性。危险特性遇明火、高热可燃。受高热分解释放出有毒的气体，燃烧（分解）产物：完全燃烧得到水和二氧化碳、成分未知的黑色烟雾，不完全燃烧就有有毒的一氧化碳。

任务解析

1. 执行标准规范

《民用建筑工程室内环境污染控制规范》（GB 50325—2010，2013 年版）中对苯并［a］芘没有做出要求。

《室内空气质量标准》（GB/T 18883—2002）中规定苯并［a］芘在室内空气中的限量为日平均浓度 1.0mg/m³，对其检测方法在规范性引用文件中规定苯并［a］芘测定采用《环境空气　苯并［a］芘测定　高效液相色谱法》（GB/T 15439—1995）。

《环境空气质量标准》（GB 3095—2012）中也规定了苯并［a］芘在环境空气中的限量及检测方法，《环境空气质量标准》在规范性引用文件中规定对苯并［a］芘的测定可以采用《环境空气　苯并［a］芘测定　高效液相色谱法》（GB/T 15439—1995）与《空气质量　飘尘中苯并［a］芘的测定　乙酰化滤纸层析荧光分光光度法》（GB 8971—1988）两种方法。其中 GB/T 15439—1995 适用环境空气中苯并［a］芘的测定，GB 8971—1988 适用于大气飘尘中苯并［a］芘的测定。当采样体积为 40m³ 时，最低检出浓度为 0.002μg/100m³。

本任务是针对室内环境空气中苯并［a］芘的测定，检测方法上以《环境空气　苯并［a］芘测定　高效液相色谱法》（GB/T 15439—1995）为执行依据。

2. 检测方法

高效液相色谱法。检测原理：采集空气中颗粒物中的苯并［a］芘被在玻璃纤维上，经索氏提取或真空升华后，用高效液相色谱分离测定，以保留时间定性、峰高或峰面积定量。

任务实施

1. 仪器与试剂

① 208型高效液相色谱仪（带M420型荧光检测器日本产）。

② 色谱柱 Spherisorb C18（国家色谱中心大连化物所产）。

③ 超声波处理机。

④ 甲醇、环已烷、苯（分析纯重蒸）。

⑤ BaP标样为10μg/mL稀释至1μg/mL。

⑥ 多环芳烃标样为苯并芘、菲、BeP。

2. 色谱条件

① 鉴定器为M420型荧光检测器。

② 色谱柱为 Spherisorb C1804，6mm×250mm。

③ 柱温为常温。

④ 激发波长为365nm。

⑤ 发射波长为405nm。

⑥ 流动相组成为甲醇+水（90%+10%）。

⑦ 流动相流量为1.2L/min。

3. 样品采集

用TH-150C大气采样器流量为100L/min经过500℃高温灼烧1h的玻璃纤滤膜上采集气体30～40m^3。

4. 检测

（1）标准曲线的绘制

将BaP标准溶液（1μg/mL）以3μL、5μL、9μL、12μL、15μL分别注入色谱柱中测定其峰的停留时间和峰面积，用最小二乘法求出回归方程，或用计算公式计算其含量。

（2）样品的处理和浓缩

将样品滤膜剪碎于50mL的烧杯中，每次加入环已烷30mL，超声波提取5rain，共提取2次。2次的提取液合并用KD浓缩器浓缩在浓缩瓶中（一般情况下浓缩液呈淡黄色），然后注入进样器进行测定，同时做滤膜空白。

（3）样品测定

注入定量的BaP的标准溶液（1μg/mL），测定其保留时间和峰面积A_S。测定提取液的总体积V_t，注入样品的提取量V_i，得到与BaP标准保留时间相对应的峰面积A_e。

（4）计算

用外标法计算式（2-1-21），计算BaP浓度，按下式计算：

$$\mathrm{BaP}(\mu g/100m^3)=\frac{A_e}{A_s}\times W_s\times\frac{F}{10V_n} \qquad (2\text{-}1\text{-}21)$$

式中 A_e——为样品峰面积，mm^2；

A_s——为标准BaP峰面积，mm^2；

W_s——为标准BaP使用液中BaP的含量，mg；

F——为样品提取液V_t与进样体积V_i之比；

V_n——为标准状态下的采样体积，Nm^3。

任务小结

1. 流量校准

采样系统流量要能保持恒定。采样前和采样后要用一级皂膜计校准采样系统进气流量，误差不超过5%。

2. 采样器流量校准

在采样器正常使用状态下，用一级皂汁膜计较采样器流量计的刻度，校准5个点，绘制流量标准曲线。记录校准时的大气压力和温度。

3. 空白检验

在一批现场采样中，应留有2个采样管不采样，并按其他样品管一样对待，作为采样过程中空白检验，若空白检验超过控制范围，则这批样品作废。

4. 仪器使用前

按仪器说明书对仪器进行检验和标定。

5. 计算浓度时

应将采样体积换算成标准状态下的体积。

课后自测

1. 苯并芘对环境的影响是什么?
2. 苯并芘主要指的是哪些化合物?
3. 苯并芘对人和动物的危害有哪些?
4. 怎样治理或检测 BaP?

项目2　无机污染物的检测

任务1　一氧化碳的检测

学习提示

一氧化碳是室内环境污染中是比较普遍存在和影响严重的，其检测方法是本任务的学习重点，理解其检测的原理、掌握检测的方法。本任务的难点在于完成任务理论部分的学习后，根据所学习的理论指导能够准确进行相应的操作并得出正确的检测结果。

学习过程中应注重与实际相结合的学习方法，对一氧化碳检测的学习建议2～4个学时完成。

任务概述

本任务的目的是完成对一氧化碳污染程度的检测。一氧化碳是炼焦、炼钢、炼铁、炼油、汽车尾气及家庭用煤的不完全燃烧物。

室内环境中的一氧化碳主要来源于人群吸烟、取暖设备及厨房。一支香烟通常可产生大约13mg的一氧化碳，对于透气度高的卷烟纸，可以促使卷烟的完全燃烧，产生的一氧化碳量会相对较少。取暖设备和厨房产生的一氧化碳主要是燃料的不完全燃烧引起的。一氧化碳对局部污染严重，对人群健康有一定危害。因此需对室内环境中一氧化碳污染程度进行检测。

相关知识

1. 物质简介

标准状况下一氧化碳（carbon monoxide，CO）纯品为无色、无臭、无刺激性的气体。相对分子质量为28.01，密度1.250g/L，冰点为－207℃，沸点－190℃。在水中的溶解度甚低，极难溶于水。空气混合爆炸极限为12.5％～74％。

2. 人体危害

一氧化碳的中毒机理是：它进入肺泡后很快会和血红蛋白（Hb）产生很强的亲和力，使血红蛋白形成碳氧血红蛋白（COHb），阻止氧和血红蛋白的结合。血红蛋白与一氧化碳的亲和力要比与氧的亲和力大200～300倍，同时碳氧血红蛋白的解离速度却比氧合血红蛋白的解离慢3600倍。一旦碳氧血红蛋白浓度升高，血红蛋白向机体组织运载氧的功能就会受到阻碍，进而影响对供氧不足最为敏感的中枢神经（大脑）和心肌功能，造成组织缺氧，从而使人产生中毒症状。急性一氧化碳中毒是吸入高浓度一氧化碳后引起以中枢神经系统损害为主的全身性疾病，中毒起病急、潜伏期短。轻、中度中毒主要表现为头痛、头昏、心悸、恶心、呕吐、四肢乏力、意识模糊，甚至昏迷，但昏迷持续时间短，经脱离现场进行抢救，可较快苏醒，一般无明显并发症。重度中毒者意识障碍程度达深昏迷状态，往往出现牙关紧闭、强直性全身痉挛、大小便失禁。部分患者可并发脑水肿、肺水肿、严重的心肌损害、休克、呼吸衰竭、上消化道出血、皮肤水泡或成片的皮肤红肿、肌肉肿胀坏死、肝、肾损害等。

任务解析

1. 执行标准规范

《民用建筑工程室内环境污染控制规范》（GB 50325—2010，2013 版）中一氧化碳没有作出要求。

《室内空气质量标准》（GB/T 18883—2002）中规定一氧化碳在室内空气中的限量为一小时均值 10mg/m^3，对一氧化碳的检测方法在规范性引用文件中规定，一氧化碳的测定可以采用《空气质量　一氧化碳的测定　非分散红外法》（GB/T 9801—1988），《公共场所卫生检验方法　第 2 部分：化学污染物》（GB/T 18204. 2—2014）。

《环境空气质量标准》（GB 3095—2012）中对一氧化碳在环境空气中的测定采用《空气质量　一氧化碳的测定　非分散红外法》（GB/T 9801—1988）。

各种检测方法的适应类别与标准见表 2-2-1。

表 2-2-1　一氧化碳检测方法及适用类别

检测方法	类别	标准
非分散红外法	环境空气	GB/T 9801—1988
气相色谱法	作业场所空气	GBZ/T 160. 28—2004
不分光红外线气体分析法	公共场所空气	GB/T 18204. 2—2014
汞置换法		
非色散红外吸收法	固定污染源排气	HJ/T 44—1999

本任务是针对室内环境空气中一氧化碳的测定，检测方法主要以非分散红外法（GB/T 9801—1988）、气相色谱法（GBZ/T 160. 28—2004）为执行依据。

2. 检测方法

① 非分散红外法；

② 气相色谱法。

一氧化碳含量是室内空气污染检测常见检测指标之一。推荐的测定方法为非分散红外法、气相色谱法。

我国室内空气质量标准中规定室内空气一氧化碳限值为 10mg/m^3。

任务实施

1. 非分散红外法

（1）相关标准和依据

本方法主要依据《空气质量　一氧化碳的测定　非分散红外法》（GB/T 9801—1988）

和《公共场所卫生检验方法　第 2 部分：化学污染物》（GB/T 18204.2—2014）中一氧化碳的测定方法。

（2）原理

一氧化碳对不分光红外线具有选择性的吸收。在一定范围内，吸收值与一氧化碳浓度呈线性关系，根据吸收值确定样品中一氧化碳的浓度。

（3）测定范围

测定范围为 0～62.5 mg/m^3，最低检出浓度为 0.125 mg/m^3。

（4）试剂和材料

① 变色硅胶：于 120℃下干燥 2h。

② 无水氯化钙：分析纯。

③ 高纯氮气：纯度 99.99%。

④ 霍加拉特（Hopcalite）氧化剂：10～20 目颗粒。霍加拉特氧化剂主要成分为氧化锰（MnO）和氧化铜（CuO），它的作用是将空气中的一氧化碳氧化成二氧化碳，用于仪器调零。此氧化剂在 100℃以下的氧化效率应达到 100%。为保证其氧化效率，在使用存放过程中应保持干燥。

⑤ 一氧化碳标准气体：储于铝合金瓶中。

（5）仪器和设备

一氧化碳非分散红外气体分析仪，仪器主要性能指标如下：

测量范围：0～30 mL/m^3，即 0～37.5 mg/m^3；

重现性：≤0.5%（满刻度）；

零点漂移：≤±2%满刻度/4h；

跨度漂移：≤±2%满刻度/4h；

线性偏差：≤±1.5%满刻度；

启动时间：30min～1h；

抽气流量：0.5L/min；

响应时间：指针指示或数字显示到满刻度的 90%的时间<15s。

（6）采样

用聚乙烯薄膜采气袋，抽取现场空气冲洗 3～4 次，采气 0.5L 或 1.0L，密封进气口，带回实验室分析。也可以将仪器带到现场间歇进样，或连续测定空气中一氧化碳浓度。

（7）分析步骤

① 仪器的启动和校准

启动和零点校准：仪器接通电源稳定 30min～1h 后，用高纯氮气或空气经霍加拉特氧化管和干燥管进入仪器进气口，进行零点校准。

终点校准：用一氧化碳标准气（如 30mL/m^3）进入仪器进样口，进行终点刻度校准。

零点与终点校准重复 2～3 次，使仪器处在正常工作状态。

② 样品测定

将空气样品的聚乙烯薄膜采气袋接在仪器的进气口，样品被自动抽到气室中，表头指出一氧化碳的浓度（mL/m^3）。如果仪器带到现场使用，可直接测定现场空气中一氧化碳的浓度。

③ 结果计算

一氧化碳体积浓度（mL/m³）可按式（2-2-1）换算成标准状态下质量浓度（mg/m³）。

$$C_1 = \frac{C_2}{B} \times 28 \tag{2-2-1}$$

式中　C_1——标准状态下质量浓度，mg/m³；

C_2——CO体积浓度，mL/m³；

B——标准状态下的气体摩尔体积，22.41；

28——CO分子量。

④ 精密度和准确度

重现性小于1%，漂移4h小于4%。

准确度取决于标准气的不确定度（小于2%）和仪器的稳定性误差（小于4%）。

2. 气相色谱法

（1）相关标准和依据

本方法主要依据《公共场所卫生检验方法　第2部分：化学污染物》（GB/T 18204.2—2014）中一氧化碳的测定方法。

（2）原理

一氧化碳在色谱柱中与空气的其他成分完全分离后，进入转化炉，在360℃镍触媒催化作用下，与氢气反应，生成甲烷，用氢火焰离子化检测器测定。

（3）测量范围

进样1mL时，测定浓度范围是0.50～50.0 mg/m³，最低检出浓度是0.50mg/m³。

（4）试剂

① 碳分子筛：TDX-01，60～80目，作为固定相。

② 纯空气：不含一氧化碳或一氧化碳含量低于本方法检出下限。

③ 镍触媒：30～40目，当一氧化碳＜180 mg/m³、二氧化碳＜0.4%时，转化率＞95%；

④ 一氧化碳标准气：一氧化碳含量10～40 mL/m³（铝合金钢瓶装），以氮气为本底气。

（5）仪器与设备

① 气相色谱仪，配备氢火焰离子化检测器的气相色谱仪。

② 转化炉：可控温（360±1)℃。

③ 注射器：2mL、5mL、10mL、100mL，体积误差＜±1%。

④ 塑料铝箔复合膜采样袋，容积400～600mL。

⑤ 色谱柱：长2m、内径2mm不锈钢管内填充TDX-01碳分子筛，柱管两端填充玻璃棉。新装的色谱柱在使用前，应在柱温150℃、检测器的温度180℃、通氢气60mL/min条件下，老化处理10h。

⑥ 转化柱：长15cm、内径4mm不锈钢管内填充30～40目镍触媒，柱管两端塞玻璃棉。转化柱装在转化炉内，一端与色谱柱连通，另一端与检测器相连。使用前，转化柱应在炉温360℃，通氢气60mL/min条件下活化10h，转化柱老化与色谱柱老化同步进行。当一氧化碳＜180mg/m³时，转化率＞95%。

（6）采样

用双联橡皮球，将现场空气打入采样袋内，使之涨满后放掉。如此反复 4 次，最后 1 次打满后，密封进样口。

（7）分析步骤

色谱分析条件：由于色谱分析条件常因实验条件不同而有差异，所以应根据所用气相色谱仪的型号和性能，制定能分析一氧化碳的最佳色谱分析条件。

绘制标准曲线和测定校正因子：在做样品分析时的相同条件下，绘制标准曲线或测定校正因子。

① 配制标准气

在 5 支 100mL 注射器中，用纯空气将已知浓度的一氧化碳标准气体，稀释成 0.4～40 mL/m³ 范围的 4 个浓度点的气体，另取纯空气作为零浓度气体。

② 绘制标准曲线

每个浓度的标准气体，量取 1mL 进样，得到各浓度的色谱峰和保留时间。每个浓度做 3 次，测量色谱峰高或峰面积的平均值。以峰高（峰面积）作纵坐标，浓度（mL/m³）为横坐标，绘制标准曲线，并计算回归线的斜率，以斜率倒数 B_g 作样品测定的计算因子。

③ 测定校正因子

用单点校正法求校正因子。取与样品空气中含一氧化碳浓度相接近的标准气体，按②项操作，测量色谱峰的平均峰高（峰面积）和保留时间。用式（2-2-2）计算校正因子：

$$f = \frac{h_0}{c_0} \tag{2-2-2}$$

式中　f——校正因子；

c_0——标准气体浓度，mL/m³；

h_0——平均峰高（峰面积）。

④ 样品分析

进样品空气 1mL，按②项操作，以保留时间定性，测量一氧化碳的峰高（峰面积）。每个样品做 3 次分析，求峰高（峰面积）的平均值，并记录分析时的温度和大气压力。高浓度样品，应用清洁空气稀释至小于 40mL/m³（50mg/m³），再分析。

（8）结果计算

① 用标准曲线法查标准曲线定量，或用式（2-2-3）计算空气中一氧化碳浓度：

$$c = h \times B_g \tag{2-2-3}$$

式中　c——样品空气中一氧化碳浓度，mL/m³；

h——样品峰高（峰面积）的平均值；

B_g——由分析步骤中②项得到的计算因子。

② 用校正因子按式（2-2-4）计算浓度：

$$c = h \times f \tag{2-2-4}$$

式中　c——样品空气中一氧化碳浓度，mL/m³；

h——样品峰高（峰面积）的平均值；

f——校正因子。

③ 一氧化碳体积浓度 mL/m³ 可按式（2-2-5）换算成标准状态下的质量浓度 mg/m³：

$$c_1 = \frac{c_2}{B} \tag{2-2-5}$$

式中　c_1——标准状态下的质量浓度，mg/m³；

c_2——一氧化碳体积浓度，mL/m³；

B——标准状态下气体摩尔体积，22.41。

（9）精密度和准确度

重现性：一氧化碳浓度在 6mg/m³ 时，10 次进样分析，变异系数为 2%。

回收率：一氧化碳浓度在 3～25 mg/m³ 时，回收率为 94%～104%。

任务小结

1. 非分散红外法要点

室内空气中非待测组分，如甲烷、二氧化碳、水蒸汽等影响测定结果。采用串联式红外线检测器，可以大部分消除以上非待测组分的干扰。

2. 气相色谱法要点

由于采用了气相色谱分离技术，甲烷、二氧化碳及其他有机物不干扰测定。

课后自测

1. 空气中一氧化碳的检测方法有哪些，列举及简述。
2. 试述非分散红外吸收法测定空气中一氧化碳的原理。

任务 2　二氧化碳的检测

学习提示

二氧化碳是室内环境污染中是比较普遍存在和影响严重的，其检测方法是本任务的学习重点，理解其检测的原理、掌握检测的方法。本任务的难点在于完成任务理论部分的学习后，根据所学习的理论指导能够准确进行相应的操作并得出正确的检测结果。

学习过程中应注重与实际相结合的学习方法，对二氧化碳检测的学习建议 2～4 个学时完成。

任务概述

本任务的目的是完成对二氧化碳污染程度的检测。城市边远郊区、山村、原野的洁净空气中含有 0.03%～0.04%（按体积比）的二氧化碳。人呼出的气体中二氧化碳含量可达到 5%，煤、柴、油、气体燃料燃烧时产生二氧化碳。植物光合作用会吸收二氧化碳，因此大自然中二氧化碳浓度基本保持平衡。近年来，由于生态环境的恶化，二氧化碳浓度有缓慢上升的趋势。室内空气中二氧化碳的主要来源是人呼出的气体和燃料燃烧产生的。对人体的危害严重，因此需对室内环境中二氧化碳污染程度进行检测。

相关知识

1. 物质简介

二氧化碳是空气中常见的化合物，碳与氧反应生成其化学式为CO_2，1个二氧化碳分子由2个氧原子与1个碳原子通过共价键构成，常温下是一种无色无味气体，密度比空气大，二氧化碳平均约占大气体积的387ppm，大气中的二氧化碳含量随季节变化，这主要是由于植物生长的季节性变化而导致的。当春夏季来临时，植物由于光合作用消耗二氧化碳，其含量随之减少；反之，当秋冬季来临时，植物不但不进行光合作用，反而制造二氧化碳，其含量随之上升。二氧化碳能溶于水，与水反应生成碳酸，不支持燃烧，固态二氧化碳压缩后俗称为干冰。二氧化碳被认为是加剧温室效应的主要来源。

二氧化碳还有其特殊的用途：

可注入饮料中，增加压力，使饮料中带有气泡，增加饮用时的口感，像汽水、啤酒均为此类的例子。

固态的二氧化碳（或干冰）在常温下会气化，吸收大量的热，因此可用在急速的食品冷冻。

干冰可以用于人造雨、舞台的烟雾效果，食品行业、美食的特殊效果等。

二氧化碳的重量比空气重，不助燃，因此许多灭火器都通过产生二氧化碳，利用其特性灭火。而二氧化碳灭火器是直接用液化的二氧化碳灭火，除上述特性外，更有灭火后不会留下固体残留物的优点。

二氧化碳也可用作焊接用的保护气体，其保护效果不如其他惰性气体（如氩），但价格相对便宜许多。

2. 人体危害

二氧化碳中毒是长时间处于低浓度二氧化碳环境中或突然进入高浓度二氧化碳环境中引起，前者主要表现为头痛、头晕、注意力不集中、记忆力减退等；后者主要表现为脑缺氧症状，可引起反射性呼吸骤停而突发死亡。在正常情况下，人体呼出的气体中二氧化碳含量约为4.2%～5%，血液二氧化碳的分压高于肺泡中二氧化碳的分压，因此，血液中的二氧化碳能弥散于肺泡。但是，如果环境中的二氧化碳浓度增加，则肺泡内的浓度也增加，pH发生变化，由此刺激呼吸中枢，最终导致呼吸中枢麻痹，使机体发生缺氧窒息。

低浓度二氧化碳对呼吸中枢有兴奋作用，高浓度时对中枢神经系统有麻醉作用，常同时伴有空气中氰含量降低所致缺氧血症，同时还能抑制呼吸，导致一系列中枢神经症状。

二氧化碳主要经呼吸道吸入人体，常发生于以下环境：长期不开放的矿井（主要是煤矿、油井）、船舱底部及下水道等处；利用植物发酵制糖、酿酒，用玉米制造丙酮以及制造酵母等生产过程；储藏蔬菜、水果和谷物等不通风的地窖和密闭仓库；啤酒、汽水等碳酸饮料的生产；二氧化碳灭火器的灌装及使用；化学工业制造碳酸盐尿酸等化学制品；利用干冰和液体二氧化碳制造低温用于食品冷冻，实验降温和低温测试；氩弧焊作业；各种易燃物质在制造、处理和运输过程中作为惰性剂；潜水作业时因器具故障或使用不当以及在密闭空间作业人数、时间超限，均可造成高浓度二氧化碳的直接接触。急性职业中毒主要发生在密闭和通风不好的地窖、矿井、下水道、枯井、粮仓、发酵室等处。在密闭的狭小的厨房、浴室使用煤气热水器，可造成生活中高浓度的二氧化碳接触，引起中毒。

按中毒机理可分急性中毒和慢性中毒。

急性中毒，突然进入高浓度二氧化碳环境中，大多数人可在几秒钟内，因呼吸中枢麻痹，突然倒地死亡。部分人可先感头晕、心悸，迅速出现谵妄、惊厥、昏迷。如不及时脱离现场、抢救，容易发生危险，必须迅速脱离险境，病人可立刻清醒。若拖延一段时间，病情继续加重，出现昏迷、发绀、呕吐、咳白色或血性泡沫痰、大小便失禁、抽搐、四肢僵直。查体可发现角膜反射和压眶反射消失、双侧病理征阳性等。可因高热、休克、呼吸循环衰竭死亡，也可死于肝肾衰竭。幸免者甚至数月才逐渐恢复，部分病人可留有后遗症（神经衰弱、症状性癫痫、震颤性麻痹及去大脑皮质状态等）。

慢性中毒，长时间处于低浓度二氧化碳环境中，可引起头痛、头晕、注意力不集中、记忆力减退等。

任务解析

1. 执行标准规范

《室内空气质量标准》（GB/T 18883—2002）中规定二氧化碳在室内空气中的限量为日平均值 0.1%，对二氧化碳的检测方法在规范性引用文件中规定二氧化碳的测定可以采用不分光红外线气体分析法、气相色谱法、容量滴定法，执行标准《公共场所卫生检验方法　第 2 部分：化学污染物》（GB/T 18204.2—2014）。

2. 检测方法

（1）不分光红外线气体分析法

（2）气相色谱法

（3）容量滴定法

二氧化碳是评价室内和公共场所空气质量的一项重要指标。测定空气中二氧化碳的方法有红外线吸收气体分析法、气相色谱法、容量滴定法。

这三种检测方法都是《公共场所卫生检验方法　第 2 部分：化学污染物》（GB/T 18204.2—2014）推荐采用的标准检测方式，具体采用检测方式应根据具体条件及客观因素决定，三种检测方法的简单区别见表 2-2-2。

表 2-2-2　二氧化碳检测方法原理

检测方法	原理	最低可检浓度
不分光红外线气体分析法	二氧化碳对红外线具有选择性的吸收，在一定范围内，吸收值与二氧化碳浓度呈线性关系。根据吸收值确定样品二氧化碳的浓度	0.01%
气相色谱法	二氧化碳在色谱柱中与空气的其他成分完全分离后，进入热导检测器的工作臂，使该臂电阻值的变化与参考臂电阻值的变化不相等，惠斯登电桥失去平衡而产生的信号输出。在线性范围内，信号大小与进入检测器的二氧化碳浓度成正比。从而进行定性与定量测定	0.014%
容量滴定法	用过量的氢氧化钡溶液与空气中二氧化碳作用生成碳酸钡沉淀，采样后剩余的氢氧化钡用标准乙二酸溶液滴定至酚酞试剂红色刚褪。由容量法滴定结果除以所采集的空气样品体积，即可测得空气中二氧化碳的浓度	0.001%

任务实施

1. 不分光红外线气体分析法

（1）原理

二氧化碳对红外线具有选择性的吸收，在一定范围内，吸收值与二氧化碳浓度呈线性关系。根据吸收值确定样品二氧化碳的浓度。

（2）测量范围

0～0.5 %、0～1.5 %两档，最低检出浓度为 0.01%。

（3）试剂和材料

① 变色硅胶：在 120℃下干燥 2h。

② 无水氯化钙：分析纯。

③ 高纯氮气：纯度 99.99%。

④ 烧碱石棉：分析纯。

⑤ 塑料铝箔复合薄膜采气袋 0.5L 或 1.0L。

⑥ 二氧化碳标准气体（0.5%）：储于铝合金钢瓶中。

（4）仪器和设备

二氧化碳非分散红外线气体分析仪，仪器主要性能指标如下：

① 测量范围：0～0.5 %，0～1.5 %两档。

② 重现性：≤±1%满刻度。

③ 零点漂移：≤±3%满刻度/4h。

④ 跨度漂移：≤±3%满刻度/4h。

⑤ 温度附加误差：≤±2%满刻度/10℃（在 10～80℃范围内）。

⑥ 一氧化碳干扰：1000mL/m^3 CO ≤±2%满刻度。

⑦ 供电电压变化时附加误差：220V±10% ≤±2%满刻度。

⑧ 启动时间：30min。

⑨ 响应时间：指针指示到满刻度的 90%的时间<15s。

（5）采样

用塑料铝箔复合薄膜采气袋，抽取现场空气冲洗 3～4 次，采气 0.5L 或 1.0L，密封进气口，带回实验室分析。也可以将仪器带到现场间歇进样，或连续测定空气中二氧化碳浓度。

（6）分析步骤

① 仪器的启动和校准

启动和零点校准：仪器接通电源后，稳定 30min～1h，将高纯氮气或空气经干燥管和烧碱石棉过滤管后，进行零点校准。

终点校准：用二氧化碳标准气（如 0.50%）连接在仪器进样口，进行终点刻度校准。

零点与终点校准重复 2～3 次，使仪器处在正常工作状态。

② 样品测定

将内装空气样品的塑料铝箔复合薄膜采气袋接在装有变色硅胶或无水氯化钙的过滤器和仪器的进气口相连接，样品被自动抽到气室中，并显示二氧化碳的浓度（%）。

如果将仪器带到现场，可间歇进样测定，并可长期监测空气中二氧化碳浓度。

（7）结果计算

样品中二氧化碳的浓度，可从气体分析仪直接读出。

（8）精密度和准确度

重现性小于2%，每小时漂移小于6%。

准确度取决于标准气的不确定度（小于2%）和仪器的稳定性误差（小于6%）。

2. 气相色谱法

（1）原理

二氧化碳在色谱柱中与空气的其他成分完全分离后，进入热导检测器的工作臂，使该臂电阻值的变化与参考臂电阻值的变化不相等，惠斯登电桥失去平衡而产生的信号输出。在线性范围内，信号大小与进入检测器的二氧化碳浓度成正比。从而进行定性与定量测定。

（2）测定范围

进样3mL时，测定浓度范围是0.02%～0.6%，最低检出浓度为0.014%。

（3）试剂

二氧化碳标准气：浓度1%（铝合金钢瓶装），以氮气作本底气。

高分子多孔聚合物：GDX-102，60～80目，作色谱固定相。

纯氮气：纯度99.99%。

（4）仪器与设备

气相色谱仪：配备有热导检测器的气相色谱仪；

注射器：2mL、5mL、10mL、20mL、50mL、100mL体积误差＜±1%。

塑料铝箔复合膜采样袋：容积400～600mL。

色谱柱：长3m、内径4mm不锈钢管内填充GDX-102高分子多孔聚合物，柱管两端填充玻璃棉。新装的色谱柱在使用前，应在柱温180℃、通氮气70mL/min条件下，老化12h，直至基线稳定为止。

（5）采样

用橡胶双联球将现场空气打入塑料铝箔复合膜采气袋，使之涨满后放掉。如此反复4次，最后1次打满后，密封进样口，并写上标签，注明采样地点和时间等。

（6）分析步骤

① 色谱分析条件

由于色谱分析条件常因实验条件不同而有差异，所以应根据所用气相色谱仪的型号和性能，制定能分析二氧化碳的最佳色谱分析条件。

② 绘制标准曲线和测定校正因子

在作样品分析时的相同条件下，绘制标准曲线或测定校正因子。

配制标准气：在5支100mL注射器内，分别注入1%二氧化碳标准气体2mL、4mL、8mL、16mL、32mL，再用纯氮气稀释至100mL，即得浓度为0.02%、0.04%、0.08%、0.16%、0.32%的气体。另取纯氮气作为零浓度气体。

绘制标准曲线：每个浓度的标准气体，分别通过色谱仪的六通进样阀，量取3mL进样，得到各浓度的色谱峰和保留时间。每个浓度做3次，测量色谱峰高（峰面积）的平均值。以二氧化碳的浓度（%）对平均峰高（峰面积）绘制标准曲线，并计算回归线的斜率，以斜率

的倒数 B_g 作样品测定的计算因子。

测定校正因子：用单点校正法求校正因子。取与样品空气中含二氧化碳浓度相接近的标准气体，按“绘制标准曲线”操作，测量色谱峰的平均峰高（峰面积）和保留时间。用式（2-2-6）计算校正因子：

$$f=\frac{c_0}{h_0} \tag{2-2-6}$$

式中　f——校正因子；

c_0——标准气体浓度，%；

h_0——平均峰高（峰面积）。

③ 样品分析

通过色谱仪六通进样阀进样品空气 3mL，按绘制标准曲线操作，以保留时间定性，测量二氧化碳的峰高（峰面积）。每个样做 3 次分析，求峰高（峰面积）的平均值，并记录分析时的气温和大气压力。高浓度样品用纯氮气稀释至小于 0.3%，再分析。

（7）结果计算

① 用标准曲线法查标准曲线定量，或用式（2-2-7）计算浓度：

$$c=h\times B_g \tag{2-2-7}$$

式中　c——样品空气中二氧化碳浓度，%；

h——样品峰高（峰面积）的平均值；

B_g——由绘制标准曲线项得到的计算因子。

② 用校正因子按式（2-2-8）计算浓度：

$$c=h\times f \tag{2-2-8}$$

式中　c——样品空气中二氧化碳浓度，%；

h——样品峰高（峰面积）的平均值；

f——校正因子。

（8）精密度和准确度

重现性：二氧化碳浓度在 0.1%～0.2%时，重复测定的变异系数为 5%～3%。

回收率：二氧化碳浓度在 0.02%～0.4%时，回收率为 90%～105%，平均回收率为 99%。

3. 容量滴定法

（1）原理

用过量的氢氧化钡溶液与空气中二氧化碳作用生成碳酸钡沉淀，采样后剩余的氢氧化钡用标准乙二酸溶液滴定至酚酞试剂红色刚褪。由容量法滴定结果除以所采集的空气样品体积，即可测得空气中二氧化碳的浓度。

（2）测定范围

当采样体积为 5L 时，可测浓度范围 0.001%～0.5%；最低检出浓度为 0.001%。

（3）试剂和材料

① 吸收液。

稀吸收液（用于空气二氧化碳浓度低于 0.15%时采样）：称取 1.4g 氢氧化钡[$Ba(OH)_2\cdot 8H_2O$]和 0.08g 氯化钡（$BaCl_2\cdot 2H_2O$）溶于 800mL 水中，加入 3mL 正丁醇，摇匀，用水稀释至 1000mL。

浓吸收液(用于空气二氧化碳浓度在 0.15%～0.5%时采样)：称取 2.8g 氢氧化钡[$Ba(OH)_2 \cdot 8H_2O$]和 0.16g 氯化钡($BaCl_2 \cdot 2H_2O$)溶于 800mL 水中，加入 3mL 正丁醇，摇匀，用水稀释至 1000mL。

上述两种吸收液应在采样前两天配制，储瓶加盖，密封保存，避免接触空气。采样前，储液瓶塞接上钠石灰管，用虹吸收管将吸收液吸至吸收管内。

② 草酸标准溶液：称取 0.5637g 草酸($H_2C_2O_4 \cdot 2H_2O$)，用水溶解并稀释至 1000mL，此溶液 1mL 相当于标准状况(0℃，101.325kPa)0.1mL 二氧化碳。

③ 酚酞指示剂。

④ 正丁醇。

⑤ 纯氮气(纯度 99.99%)或经碱石灰管除去二氧化碳后的空气。

(4) 仪器和设备

① 空气采样器。

② 50mL 多孔玻璃板吸收管。

③ 酸式滴定管：50mL。

④ 碘量瓶：125mL。

(5) 采样

取一个吸收管(事先应充氮或充入钠石灰处理的空气)加入 50mL 氢氧化钡吸收液，以 0.3L/min 流量，采样 5～10min。采样前后，吸收管的进、出口均用乳胶管连接以免空气进入。

(6) 分析步骤

采样后，吸收管送实验室，取出中间砂芯管，加塞静置 3h，使碳酸钡沉淀完全，吸取上清液 25mL 于碘量瓶中(碘量瓶事先应充氮或充入经碱石灰处理的空气)，加入 2 滴酚酞指示剂，用草酸标准液滴定至溶液由红色变为无色，记录所消耗的草酸标准溶液的体积。同时吸取 25mL 未采样的氢氧化钡吸收液作为空白滴定，记录所消耗的草酸标准溶液的体积(mL)。

(7) 结果计算

将采样体积换算成标准状态下采样体积。空气中二氧化碳浓度按式(2-2-9)计算：

$$c = \frac{20 \times (b - a)}{V_0} \tag{2-2-9}$$

式中 c——空气中二氧化碳浓度，%；

a——样品滴定所用草酸标准溶液体积，mL；

b——空白滴定所用草酸标准溶液体积，mL；

V_0——换算成标准状态下的采样体积，mL。

(8) 灵敏度、精密度和准确度

灵敏度：样品溶液每消耗 1mL 标准草酸溶液，相当于 0.1mL 二氧化碳(标准状况 0℃，101.325kPa)。

精密度和准确度：对含二氧化碳 0.04%～0.27%的标准气体的回收率为 97%～98%，重复测定的变异系数为 2%～4 %。

任务小结

1. 非分散 红外线气体分析法要点

室内空气中非待测组分，如甲烷、一氧化碳、水蒸气等影响测定结果。红外线滤光片的波长为 4.26μm，二氧化碳对该波长有强烈的吸收；而一氧化碳和甲烷等气体不吸收。因此，一氧化碳和甲烷的干扰可以忽略不计；但水蒸汽对测定二氧化碳有干扰，它可以使气室反射率下降，从而使仪器灵敏度降低，影响测定结果的准确性。因此，必须使空气样品经干燥后，再进入仪器。

2. 气相色谱法要点

由于采用了气相色谱分离技术，空气、甲烷、氨、水和二氧化碳等均不干扰测定。

3. 容量滴定法要点

空气中二氧化硫、氮氧化物及乙酸等酸性气体对本法的吸收液产生中和反应，但一般室内空气二氧化碳浓度在 500mg/m^{3}以上，相比之下，空气中上述酸性气体浓度要低得多，即使空气中二氧化硫浓度超过 0.15mg/m^{3}的 100 倍，并假设它全部转变为硫酸，对本法所引起的干扰不到 5%。

课后自测

1. 简述二氧化碳的中毒机理。
2. 空气中二氧化碳的检测方法有哪些，列举及简述。

任务 3　二氧化氮的检测

学习提示

氮氧化物排放量的剧增使我国城市大气中的 NO_2 污染程度加重，因此 NO_2 对大气的污染已成为一个不容忽视的问题，其检测方法(盐酸萘乙二胺分光光度法)是任务的学习重点，理解其检测的原理、掌握检测的方法。任务的难点在于完成任务理论部分的学习后，根据所学习的理论指导能够准确进行相应的操作并得出正确的检测结果。

学习过程中应注重与实际相结合的学习方法，二氧化氮检测的学习建议 4 个学时完成。

任务概述

氮氧化物包括多种化合物，如亚硝酸、硝酸、一氧化氮、一氧化二氮、二氧化氮、三氧化氮、四氧化二氮、五氧化二氮等，除二氧化氮以外，其他氮氧化物均极不稳定，遇光、湿或热变成二氧化氮及一氧化氮，一氧化氮又变为二氧化氮。氮氧化物都具有不同程度的毒性。测定二氧化氮的一般方法是基于 NO_2^- 与芳香族胺反应生成偶氮染料。本任务采用盐酸萘乙二胺分光光度法(Saltzman 法)来测定环境空气中的二氧化氮。

盐酸萘乙二胺分光光度法是一种常用的测定大气中二氧化氮的方法。该方法灵敏度高，选择性好，操作简便且显色稳定，被国内外普遍采用。通过测定二氧化氮来确定氮氧化物的含量是评价人类生存环境质量优劣的重要指标之一。近几年的观测证明，随着人为活动排放的氮氧化物的增加，不仅使城市污染大气中的臭氧浓度升高，也使干净背景大气中的臭氧浓度明显上升，全球范围对流层臭氧浓度增加还可能影响地—气系统的辐射平衡，从而引起气候的变化。因此，测定二氧化氮有助于了解空气质量，对于保护环境、保护人类有重要意义。

我国规定用盐酸萘乙二胺分光光度法作为测定大气中氮氧化物的标准方法，该方法灵敏度高，选择性好，操作简便且显色稳定。其原理是空气中的二氧化氮被吸收液吸收，形成亚硝酸根离子，与对氨基苯磺酸起重氮化反应，再与盐酸萘乙二胺偶合成玫瑰红色的偶氮染料，生成的偶氮染料在波长 540nm 处的吸光度与二氧化氮的含量成正比，从而进行比色定量。

相关知识

1. 物质简介

氮氧化物：主要是指一氧化氮(NO)和二氧化氮(NO_2)两种，一氧化氮相对无害，但它迅速被空气中的臭氧氧化为二氧化氮。

二氧化氮是一种棕红色、高度活性的气态物质。二氧化氮在臭氧的形成过程中起着重要作用。人为产生的二氧化氮主要来自高温燃烧过程的释放，比如机动车、电厂废气的排放等。二氧化氮还是酸雨的成因之一，所带来的环境效应多种多样，包括：对湿地和陆生植物物种之间竞争与组成变化的影响，大气能见度的降低，地表水的酸化，富营养化(由于水中富含氮、磷等营养物藻类大量繁殖而导致缺氧)以及增加水体中有害于鱼类和其他水生生物的毒素含量。

二氧化氮除自然来源外，人为产生的二氧化氮主要来自于燃料的燃烧、城市汽车尾气以及电厂废气的排放等。我国是以燃煤为主的发展中国家，近 20 年来，随着我国经济的快速发展，燃煤造成的环境污染日趋严重，特别是燃煤烟气中的 NO_2。此外，闪电也可以产生 NO_2。据估计，全世界人为污染每年排出的氮氧化物大约为 5300 万 t，一般来说，机动排放是城市氮氧化物的主要来源之一。

2. 人体危害

氮氧化物主要损害呼吸道。吸入气体初期仅有轻微的眼及上呼吸道刺激症状，如咽部不适、干咳等。常经数小时至十几小时或更长时间潜伏期后发生迟发性肺水肿、成人呼吸窘迫综合征，出现胸闷、呼吸窘迫、咳嗽、咯泡沫痰、紫绀等。可并发气胸及纵隔气肿。肺水肿消退后两周左右可出现迟发性阻塞性细支气管炎。慢性作用：主要表现为神经衰弱综合征及慢性呼吸道炎症。个别病例出现肺纤维化，可引起牙齿酸蚀症，可能使人昏厥。

环境危害：对环境有危害，对水体、土壤和大气可造成污染。

由国家质量监督检验检疫总局、国家卫生部、国家环境保护总局发布的《室内空气质量标准》(GB/T 18883—2002)中规定，室内空气中标准的二氧化氮(NO_2)1 h 均值为 0.24 mg/m^3。

3. Saltzman 实验系数(*f*)及其测定

Saltzman 实验系数是用渗透法制备的二氧化氮校准用混合气体，在采气过程中被吸收液吸收生成的偶氮染料相当于亚硝酸根的量与通过采样系统的二氧化氮总量的比值。

按 GB/T 5275.10—2009 规定的方法，制备零气和预测浓度范围的二氧化氮校准用混合气体。按短时间采样的方法采集混合标气。当吸收瓶中 NO_2 质量浓度达到 0.4 μg/mL 左右时，停止采样，放置 20 min，室温 20℃以下时放置 40 min 以上，用水将采样瓶中吸收液的体积补充至标线，混匀。用 10 mm 比色皿，在波长 540 nm 处，以水为参比测量吸光度，同时测定空白样品的吸光度。

$$\text{Saltzman 实验系数：} f = \frac{(A - A_0 - a) \times V}{b \times V_0 \times \rho_{NO_2}}$$

式中　A——样品溶液的吸光度；

A_0——实验室空白样品的吸光度；

b——测得的标准曲线的斜率，吸光度 · mL/μg；

a——测得的标准曲线的截距；

V——采样用吸收液体积，mL；

V_0——换算为标准状态(101.325 kPa，273 K)的采样体积，L；

ρ_{NO_2}——通过采样系统的 NO_2 标准混合气体的质量浓度，mg/m^3(标准状态 101.325 kPa、273 K)。

f 值的大小受空气中 NO_2 的质量浓度、采样流量、吸收瓶类型、采样效率等因素的影响，故测定 f 值时，应尽量使测定条件与实际采样时保持一致。

4. 吸收瓶的检查与采样效率的测定

(1) 玻板阻力及微孔均匀性检查

① 新的多孔玻板吸收瓶检查前，应用(1+1)HCl 浸泡 24h 以上，用清水洗净。

② 每支吸收瓶在使用前或使用一段时间以后应测定其玻板阻力，检查通过玻板后气泡分散的均匀性，阻力不符合要求和气泡分散不均匀的吸收瓶不宜使用。

内装 10mL 吸收液的多孔玻板吸收瓶，以 0.4L/min 流量采样时，玻板阻力应在 4～5kPa，通过玻板后的气泡应分散均匀。

内装 50mL 吸收液的大型多孔玻板吸收瓶，以 0.2L/min 流量采样时，玻板阻力应在 5～6kPa，通过玻板后的气泡应分散均匀。

(2) 采样效率(E)的测定

采样效率低于 0.97 的吸收瓶，不宜使用。吸收瓶在使用前和使用一段时间以后，应测定其采样效率。

吸收瓶的采样效率测定方法如下：

将 2 支吸收瓶串联，按短时间采样方法采集环境空气，当第一支吸收瓶中 NO_2 质量浓度约为 0.4 μg/mL 时，停止采样，放置 20 min，室温 20℃以下时放置 40 min 以上，用水将采样瓶中吸收液的体积补充至标线，混匀。用 10 mm 比色皿，在波长 540 nm 处，以水为参比测量前后两支吸收瓶中样品的吸光度，按式(2-2-10)计算第一支吸收瓶的采样效率：

$$E = \frac{\rho_1}{\rho_1 + \rho_2} \tag{2-2-10}$$

式中　ρ_1、ρ_2——串联的第一支、第二支吸收瓶中 NO_2 的质量浓度，μg/mL；

　　E——吸收瓶的采样效率。

任务解析

1. 执行标准规范

为了贯彻《中华人民共和国环境保护法》和《中华人民共和国大气污染防治法》，保护环境，保障人体健康，环境保护部于 2009 年 9 月 27 日发布了《中华人民共和国国家环境保护标准》(HJ 479—2009)，规定了环境空气中氮氧化物(一氧化氮和二氧化氮)的测定方法为：盐酸萘乙二胺分光光度法。

该标准自 2009 年 11 月 1 日实施开始，原国家环保局发布的《空气质量 氮氧化物的测定 盐酸萘乙二胺比色法》(GB 8969—1988)和《环境空气 氮氧化物的测定 Saltzman 法》(GB/T 15436—1995)废止。

2. 检测方法

按照国家环境保护标准，空气中二氧化氮的测定方法为：盐酸萘乙二胺分光光度法。该方法灵敏度高，选择性好，操作简便且显色稳定。

盐酸萘乙二胺分光光度法适用于环境空气中氮氧化物、二氧化氮、一氧化氮的测定。本方法检出限为 0.12 μg/10 mL 吸收液。当吸收液总体积为 10 mL，采样体积为 24 L 时，空气中氮氧化物的检出限为 0.005 mg/m^3。当吸收液总体积为 50 mL，采样体积 288 L 时，空气中氮氧化物的检出限为 0.003 mg/m^3。当吸收液总体积为 10 mL，采样体积为 12～24 L 时，环境空气中氮氧化物的测定范围为 0.020～2.5 mg/m^3。

任务实施

1. 方法原理

空气中的二氧化氮被串联的第一支吸收瓶中的吸收液吸收并反应生成粉红色偶氮染料。空气中的一氧化氮不与吸收液反应，通过氧化管时被酸性高锰酸钾溶液氧化为二氧化氮，被串联的第二支吸收瓶中的吸收液吸收并反应生成粉红色偶氮染料。生成的偶氮染料在波长 540 nm 处的吸光度与二氧化氮的含量成正比。分别测定第一支和第二支吸收瓶中样品的吸光度，计算 2 支吸收瓶内二氧化氮和一氧化氮的质量浓度，二者之和即为氮氧化物的质量浓度(以 NO_2 计)。

2. 试剂与材料

除非另有说明，分析时均使用符合国家标准或专业标准的分析纯试剂和无亚硝酸根的蒸馏水、去离子水或相当纯度的水。水纯度的检验方法：按绘制标准曲线的步骤测量，吸收液的吸光度不超过 0.005。必要时，实验用水可在全玻璃蒸馏器中以每升水加入 0.5g 高锰酸钾($KMnO_4$)和 0.5g 氢氧化钡[$Ba(OH)_2$]重蒸。

① 冰乙酸。

② 盐酸羟胺溶液：ρ=0.2～0.5 g/L。

③ 硫酸溶液，$c(1/2H_2SO_4)$=1mol/L：取 15mL 浓硫酸(ρ_{20}=1.84g/mL)，缓缓加到 500mL 水中，搅拌均匀，储却备用。

④ 酸性高锰酸钾溶液，$\rho(KMnO_4)$=25g/L：称取 25g 高锰酸钾于 1000mL 烧杯中，加

入 500mL 水，稍微加热使其全部溶解，然后加入 1mol/L 硫酸溶液 500mL，搅拌均匀，储于棕色试剂瓶中。

⑤ N-(1-萘基)乙二胺盐酸盐储备液，$\rho[(C_{10}H_7NH(CH_2)_2NH_2 \cdot 2HCl]=1.00g/L$：称取 0.50 g N-(1- 萘基)乙二胺盐酸盐于 500mL 容量瓶中，用水溶解稀释至刻度。此溶液储于密闭的棕色瓶中，在冰箱中冷藏，可稳定保存 3 个月。

⑥ 显色液：称取 5.0g 对氨基苯磺酸[$NH_2C_6H_4SO_3H$]溶解于约 200 mL 40～50℃热水中，将溶液冷却至室温，全部移入 1000mL 容量瓶中，加入 50mL N-(1- 萘基)乙二胺盐酸盐储备溶液和 50mL 冰乙酸，用水稀释至刻度。此溶液储于密闭的棕色瓶中，在 25℃以下暗处存放可稳定 3 个月。若溶液呈现淡红色，应弃之重配。

⑦ 吸收液：使用时将显色液和水按 4∶1（体积分数）比例混合，即为吸收液。吸收液的吸光度应≤0.005。

⑧ 亚硝酸盐标准储备液，$\rho(NO_2^-)=250\ \mu g/mL$：准确称取 0.3750g 亚硝酸钠[$NaNO_2$，优级纯，使用前在(105±5)℃干燥恒重]溶于水，移入 1000mL 容量瓶中，用水稀释至标线。此溶液储于密闭棕色瓶中于暗处存放，可稳定保存 3 个月。

⑨ 亚硝酸盐标准工作液，$\rho(NO_2^-)=2.5\mu g/mL$：准确吸取亚硝酸盐标准储备液 1.00mL 于 100mL 容量瓶中，用水稀释至标线。临用现配。

3. 仪器与设备

① 分光光度计。

② 空气采样器：流量范围 0.1～1.0 L/min。采样流量为 0.4 L/min 时，相对误差小于±5%。

③ 恒温、半自动连续空气采样器：采样流量为 0.2 L/min 时，相对误差小于±5%，能将吸收液温度保持在（20±4)℃。采样连接管线为硼硅玻璃管、不锈钢管、聚四氟乙烯管或硅胶管，内径约为 6 mm，尽可能短些，任何情况下不得超过 2 m，配有朝下的空气入口。

④ 吸收瓶：可装 10 mL、25 mL 或 50 mL 吸收液的多孔玻板吸收瓶，液柱高度不低于 80 mm。注意吸收瓶的玻板阻力、气泡分散的均匀性及采样效率是否符合要求。图 2-2-1 示出较为适用的 2 种多孔玻板吸收瓶，使用棕色吸收瓶或采样过程中吸收瓶外罩黑色避光罩。新的多孔玻板吸收瓶或使用后的多孔玻板吸收瓶，应用（1＋1）HCl 浸泡 24 h 以上，用清水洗净。

⑤ 氧化瓶：可装 5 mL、10 mL 或 50 mL 酸性高锰酸钾溶液的洗气瓶，液柱高度不能低于 80 mm。使用后，用盐酸羟胺溶液浸泡洗涤。图 2-2-2 示出了较为适用的 2 种氧化瓶。

4. 干扰及消除

① 大气中二氧化硫浓度为二氧化氮浓度的 10 倍时，对二氧化氮的测定干扰，二氧化硫浓度超过二氧化氮浓度的 30 倍时，产生负干扰，可在采样管前接一个氧化管消除二氧化硫的干扰。

② 空气中过氧乙酰酯 PAN（光化学烟雾成分）能使试剂显色产生干扰，但一般环境大气中 PAN 的浓度很低，不会造成测定误差。

③ 空气中臭氧质量浓度超过 0.25 mg/m^3时，使吸收液略显红色，对二氧化氮的测定产生负干扰。采样时在采样瓶入口端串接一段 15～20 cm 长的硅橡胶管，即可将臭氧浓度降低到不干扰二氧化氮测定的水平，排除干扰。

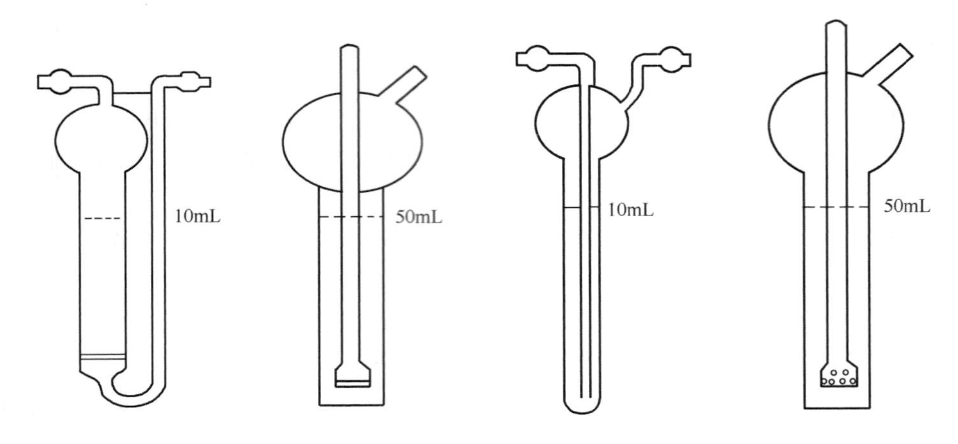

图 2-2-1　多孔玻板吸收瓶　　　　图 2-2-2　氧化瓶

5. 采样

（1）短时间采样（1h 以内）

取两支内装 10.0mL 吸收液的多孔玻板吸收瓶和一支内装 5～10mL 酸性高锰酸钾溶液的氧化瓶（液柱高度不低于 80mm），按图 2-2-3 所示，用尽量短的硅橡胶管将氧化瓶串联在两支吸收瓶之间，以 0.4L/min 流量采气 4～24 L。

（2）长时间采样（24h）

取两支大型多孔玻板吸收瓶，装入 25.0mL 或 50.0mL 吸收液（液柱高度不低于 80mm），标记液面位置。取一支内装 50mL 酸性高锰酸钾溶液的氧化瓶，按图 2-2-4 所示，接入采样系统，将吸收液恒温在（20±4）℃，以 0.2L/min 流量采气 288L。

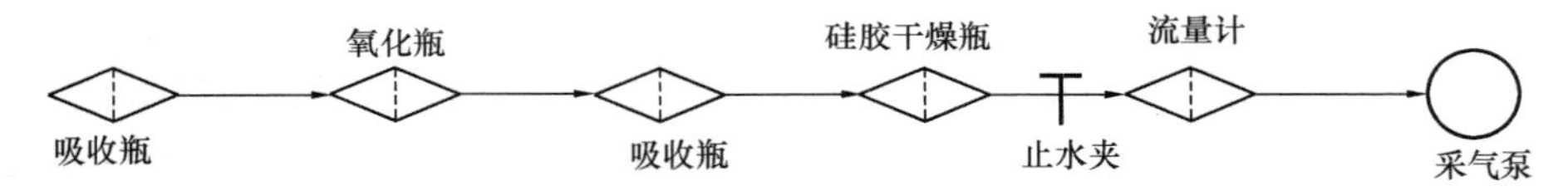

图 2-2-3　短时手工采样示意图

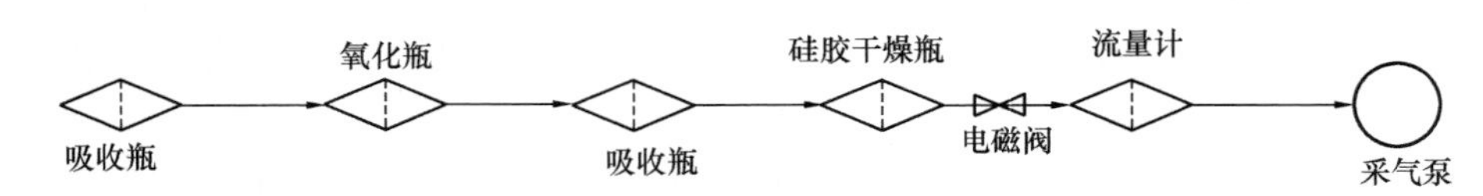

图 2-2-4　连续自动采样示意图

（3）采样要求

① 氧化管中有明显的沉淀物析出时，应及时更换。

② 一般情况下，内装 50mL 酸性高锰酸钾溶液的氧化瓶可使用 15～20d（隔日采样）。

③ 采样过程注意观察吸收液颜色变化，避免因氮氧化物质量浓度过高而穿透。

④ 采样前应检查采样系统的气密性，用皂膜流量计进行流量校准。采样流量的相对误差应小于±5%。

⑤ 采样期间，样品运输和存放过程中应避免阳光照射。气温超过 25℃时，长时间（8h 以上）运输和存放样品应采取降温措施。

⑥ 采样结束时，为防止溶液倒吸，应在采样泵停止抽气的同时，闭合连接在采样系统中的止水夹或电磁阀，见图 2-2-3 或图 2-2-4。

（4）空白样

装有吸收液的吸收瓶带到采样现场，与样品在相同的条件下保存，运输，直至送交实验室分析，运输过程中应注意防止沾污。要求每次采样至少做 2 个现场空白测试。

（5）样品保存

样品采集、运输及存放过程中避光保存，样品采集后尽快分析。若不能及时测定，将样品于低温暗处存放，样品在 30℃暗处存放，可稳定 8h；在 20℃暗处存放，可稳定 24h；于 0～4℃冷藏，至少可稳定 3d。

6. 分析步骤

（1）标准曲线的绘制

取 6 支 10mL 具塞比色管，按要求制备亚硝酸盐标准溶液色列。根据表 2-2-3 分别移取相应体积的亚硝酸钠标准工作液，加水至 2.00mL，加入显色液 8.00mL。

表 2-2-3　NO_2 标准溶液色列

管号	0	1	2	3	4	5
标准工作液（mL）	0.00	0.40	0.80	1.20	1.60	2.00
水（mL）	2.00	1.60	1.20	0.80	0.40	0.00
显色液（mL）	8.00	8.00	8.00	8.00	8.00	8.00
NO_2^- 质量浓度（μg/mL）	0.00	0.10	0.20	0.30	0.40	0.50

各管混匀，于暗处放置 20min（室温低于 20℃时放置 40min 以上），用 10mm 比色皿，在波长 540nm 处，以水为参比测量吸光度，扣除 0 号管的吸光度以后，对应 NO_2^- 的质量浓度（μg/mL），用最小二乘法计算标准曲线的回归方程。以二氧化氮含量为横坐标，吸光度为纵坐标，绘制标准曲线。

标准曲线斜率控制在 0.960～0.978 吸光度・mL/μg，截距控制在 0.000～0.005 之间[以 5mL 体积绘制标准曲线时，标准曲线斜率控制在 0.180～0.195 吸光度・mL/μg，截距控制在±0.003 之间]。

（2）空白试验

① 实验室空白试验：取实验室内未经采样的空白吸收液，用 10mm 比色皿，在波长 540nm 处，以水为参比测定吸光度。实验室空白吸光度 A_0 在显色规定条件下波动范围不超过±15%。

② 现场空白：测定吸光度。将现场空白和实验室空白的测量结果相对照，若现场空白与实验室空白相差过大，查找原因，重新采样。

（3）样品测定

采样后放置 20min，室温 20℃以下时放置 40min 以上，用水将采样瓶中吸收液的体积补充至标线，混匀。用 10mm 比色皿，在波长 540nm 处，以水为参比测量吸光度，同时测定空白样品的吸光度。

若样品的吸光度超过标准曲线的上限，应用实验室空白试液稀释，再测定其吸光度，但稀释倍数不得大于 6。

7. 结果表示

(1) 空气中二氧化氮质量浓度

ρ_{NO_2} (mg/m^3) 按式 (2-2-11) 计算:

$$\rho_{NO_2}=\frac{(A_1-A_0-a)\times V\times D}{b\times f\times V_0} \tag{2-2-11}$$

(2) 空气中一氧化氮质量浓度

ρ_{NO} (mg/m^3) 以二氧化氮计 (NO_2),按式 (2-2-12) 计算:

$$\rho_{NO}=\frac{(A_2-A_0-a)\times V\times D}{b\times f\times V_0\times K} \tag{2-2-12}$$

ρ'_{NO}(mg/m^3) 以一氧化氮计(NO),按式(2-2-13) 计算:

$$\rho'_{NO}=\frac{\rho_{NO}\times 30}{46} \tag{2-2-13}$$

(3) 空气中氮氧化物的质量浓度

ρ_{NO_x} (mg/m^3) 以二氧化氮 (NO_2) 计,按式 (2-2-14) 计算:

$$\rho_{NO_x}=\rho_{NO_2}+\rho_{NO} \tag{2-2-14}$$

以上各式中 A_1、A_2——串联的第一支和第二支吸收瓶中样品的吸光度;

A_0——实验室空白的吸光度;

b——标准曲线的斜率,吸光度·mL/μg;

a——标准曲线的截距;

V——采样用吸收液体积,mL;

V_0——换算为标准状态 (101.325kPa,273K) 下的采样体积;

K——$NO\longrightarrow NO_2$氧化系数,0.68;

(氧化系数——空气中的一氧化氮通过酸性高锰酸钾溶液氧化管后,被氧化为二氧化氮且被吸收液吸收生成偶氮染料的量与通过采样系统的一氧化氮的总量之比);

D——样品的稀释倍数;

f——Saltzman 实验系数,0.88,当空气中二氧化氮质量浓度高于 0.72mg/m^{3}时,f 取值 0.77。

8. 精密度和准确度

(1) 测定 NO_2标准气体的精密度和准确度

5 个实验室测定质量浓度范围在 0.056~0.480mg/m^{3}的 NO_2标准气体,重复性相对标准偏差小于 10%,相对误差小于±8%。

(2) 测定 NO 标准气体的精密度和准确度

测定质量浓度范围在 0.057~0.396mg/m^{3}的 NO 标准气体,重复性相对标准偏差小于 10%,相对误差小于±10%。

任务小结

用盐酸萘乙二胺分光光度法作为测定环境空气中二氧化氮的方法,适用于居住区大气中二氧化氮浓度的测定,也适用于室内和公共场所空气中二氧化氮浓度的测定。由于此方法灵敏、准确、操作简便、呈色稳定,故为国内外普遍采用。

课后自测

一、填空题

1. 中国规定用________________法作为测定大气中氮氧化物的标准方法，该方法具有________________的特点。

2. 氮氧化物（以 NO_2 计）是指：指空气中以______和______形式存在的__________的氧化物。

3. 本方法的测定范围为________________。

4. 亚硝酸钠标准储备液应储于__________，在__________中可保存__________。

5. 采样期间吸收管应避免__________。样品溶液呈__________，表明已吸收了 NO_2。采样期间，可根据__________。确定是否终止采样。

6. 样品采集、运输及存放过程中应__________，样品采集后尽快分析。若不能及时测定，将样品于__________存放，样品在 30℃暗处存放，可稳定____；在 20℃暗处存放，可稳定__________；于 0～4℃冷藏，至少可稳定__________。

7. 大气中二氧化硫浓度为二氧化氮浓度的____时，对二氧化氮的测定干扰，二氧化硫浓度超过二氧化氮浓度的____时，产生负干扰，可__________消除二氧化硫的干扰。

8. 空气中____质量浓度超过 0.25mg/m^{3}时，使吸收液略显红色，对二氧化氮的测定产生负干扰。采样时在采样瓶入口端__________，即可将臭氧浓度降低到不干扰二氧化氮测定的水平，排除干扰。

9. 本方法测定二氧化氮的吸收液是将显色液和水按__________比例混合。

二、判断题

1. 大气中的一氧化氮对本方法测定二氧化氮有干扰。（　）

2. 空白试验应采用与采样吸收液同一批配制的吸收液。（　）

3. 臭氧浓度大于 0.25mg/m^{3}时对本方法有负干扰。（　）

4. 本方法测定二氧化氮时，若样品的吸光度超过校准曲线的上限，应用水稀释，再测量其吸光度。（　）

5. 吸收液若长时间暴露在空气中，会使吸收液空白值增高。（　）

三、简答题

1. 氮氧化物的来源有哪些？有何危害？

2. 本方法测定空气中二氧化氮的原理是什么？

3. 本方法测定空气中二氧化氮的仪器设备有哪些？

4. 亚硝酸钠标准工作液应如何配置？

5. 什么是 Saltzman 实验系数（f）？

6. 写出空气中二氧化氮浓度的计算公式，并标明符号意义？

任务4　二氧化硫的检测

学习提示

二氧化硫是最常见的硫氧化物。无色气体，有强烈刺激性气味，是大气主要污染物之一。其检测方法是本次任务的学习重点，理解其检测的原理、掌握检测的方法。任务的难点在于完成任务理论部分的学习后，根据所学习的理论指导能够准确进行相应的操作并得出正确的检测结果。

学习过程中应注重与实际相结合的学习方法，二氧化硫检测的学习建议4个学时完成。

任务概述

室内二氧化硫的污染主要是由家庭用煤及燃料油中含硫物燃烧所造成的。当室外污染严重时，室外SO_2也会通过门窗进入室内。二氧化硫是无色气体，有刺激性，人体吸入的二氧化硫，主要影响呼吸道，在上呼吸道很快与水分接触，形成有强刺激作用的三氧化硫，可使呼吸系统功能受损，加重已有的呼吸系统疾病，由于二氧化硫对人体健康有重要危害。因此，对环境空气中的二氧化硫进行检测就成为了一项重要的任务。

测定二氧化硫的方法主要是利用二氧化硫与盐酸副玫瑰苯胺作用，生成紫红色化合物，根据颜色深浅，用分光光度计在577nm处测量吸光度。

目前，针对环境空气中二氧化硫的测定，有两个方法较为成熟可靠，即《中华人民共和国国家环境保护标准》中规定的甲醛吸收-副玫瑰苯胺分光光度法（HJ 482—2009）和四氯汞盐吸收-副玫瑰苯胺分光光度法（HJ 483—2009）。

相关知识

1. 物质简介

二氧化硫是最常见的硫氧化物，大气主要污染物之一。空气中的二氧化硫主要来自火力发电及其他行业的工业生产，比如固定污染源燃料的燃烧，有色金属冶炼、钢铁、化工、硫厂等的生产，小型取暖锅炉和民用煤炉的排放等来源。由于煤和石油通常都含有硫化合物，因此燃烧时会生成二氧化硫。其次是来自自然界，如火山爆发、森林起火等产生。二氧化硫化学性质极其复杂，不同的温度可表现出非质子溶剂、路易氏酸、还原剂、氧化剂、氧化还原试剂等各种作用。二氧化硫还有一定的水溶性，与水及水蒸汽作用生成有毒及腐蚀性蒸汽。当二氧化硫溶于水中，会形成亚硫酸（酸雨的主要成分）。若把二氧化硫进一步氧化，通常在催化剂存在下，便会迅速高效生成硫酸。这就是对使用这些燃料作为能源的环境效果的担心原因之一。因此，对居住区环境中二氧化硫的检测就显得尤为重要。

2. 人体危害

健康危害：二氧化硫可被吸收进入血液，对全身产生毒作用，它能破坏酶的活力，从而明显地影响碳水化合物及蛋白质的代谢，对肝脏有一定损害。动物实验证明，二氧化硫慢性中毒后，机体的免疫力受到明显抑制。二氧化硫是大气中主要污染物之一，是衡量大气是否遭到污染的重要标志。世界上有很多城市发生过二氧化硫危害的严重事件，使很多人中毒或死亡。我国一些城镇的大气中二氧化硫的危害普遍而又严重。

二氧化硫进入呼吸道后，因其易溶于水，故大部分被阻滞在上呼吸道，在湿润的黏膜上生成具有腐蚀性的亚硫酸、硫酸和硫酸盐，使刺激作用增强。上呼吸道的平滑肌内因有末梢神经感受器，遇刺激就会产生窄缩反应，使气管和支气管的管腔缩小，气道阻力增加。上呼吸道对二氧化硫的这种阻留作用，在一定程度上可减轻二氧化硫对肺部产生刺激作用。

二氧化硫可被吸收进入血液，对全身产生毒作用，它能破坏酶的活力，从而明显地影响碳水化合物及蛋白质的代谢，对肝脏有一定损害。动物实验证明，二氧化硫慢性中毒后，机体的免疫力受到明显抑制。

二氧化硫浓度为10～15ppm，呼吸道纤毛运动和黏膜的分泌功能均受到抑制。浓度达20ppm时，引起咳嗽并刺激眼睛。浓度为100ppm时，支气管和肺部将出现明显的刺激症状，使肺组织受损。浓度达400ppm时可使人产生呼吸困难。

二氧化硫与飘尘一起被吸入，飘尘气溶胶微粒可把二氧化硫带到肺部使毒性增加3～4倍。若飘尘表面吸附金属微粒，在其催化作用下，使二氧化硫氧化为硫酸雾，其刺激作用比二氧化硫增强约1倍。长期生活在大气污染的环境中，由于二氧化硫和飘尘的联合作用，可促使肺泡壁纤维增生，如果增生范围波及广泛，形成肺纤维性变，发展下去可使纤维断裂形成肺气肿。二氧化硫可以增强致癌物苯并［a］芘的致癌作用。据动物试验，在二氧化硫和苯并［a］芘的联合作用下，动物肺癌的发病率高于单个因子的发病率，在短期内即可诱发肺部扁平细胞癌。因此，二氧化硫具有促癌作用。

环境危害：二氧化硫在阳光下或空气中某些金属氧化物的催化作用下，易被氧化成三氧化硫。三氧化硫有很强的吸湿性，与水汽接触后形成硫酸雾，其刺激作用较二氧化硫强10倍，这也是酸雨形成的主要原因。另外，二氧化硫对金属材料、房屋建筑、棉纺化纤织品、皮革纸张等制品容易引起腐蚀，剥落、褪色而损坏。还可使植物叶片变黄甚至枯死。

由国家质量监督检验检疫总局、国家卫生部、国家环境保护总局发布的《室内空气质量标准》(GB/T18883—2002)中规定，室内空气中标准的二氧化硫（SO_2）1h均值为0.50mg/m^3。

任务解析

1. 执行标准规范

为了贯彻《中华人民共和国环境保护法》和《中华人民共和国大气污染防治法》，保护环境，保障人体健康，环境保护部于2009年9月27日发布了中华人民共和国国家环境保护标准，规定了环境空气中二氧化硫的测定方法为：甲醛吸收-副玫瑰苯胺分光光度法（HJ 482—2009）和四氯汞盐吸收-副玫瑰苯胺分光光度法（HJ 483—2009）。

该标准自2009年11月1日实施开始，原国家环保局发布的《环境空气　二氧化硫的测定　甲醛吸收-副玫瑰苯胺分光光度法》（GB/T 15262—1994）和《空气质量　二氧化硫的测定　四氯汞盐-盐酸副玫瑰苯胺比色法》（GB 8970—1988）废止。

2. 检测方法

2012年2月29日，中华人民共和国环境保护部和国家质量监督检验检疫总局联合发布了《环境空气质量标准》（GB 3905—2012）作为国家环境质量标准，该标准规定了环境空气中二氧化硫的检测方法为甲醛吸收-副玫瑰苯胺分光光度法和四氯汞盐吸收-副玫瑰苯胺分光光度法。该标准将于 2016 年 1 月 1 日起在全国实施。

（1）甲醛吸收-副玫瑰苯胺分光光度法

甲醛吸收-副玫瑰苯胺分光光度法是比较成熟和完善的测定方法。甲醛吸收-副玫瑰苯胺分光光度法二氧化硫的测定标准方法，其配制吸收液所用甲醛为实验室常用试剂，便于进行环境检测使用。

适用范围：本方法适用于环境空气中二氧化硫的测定。

当使用 10mL 吸收液，采样体积为 30L 时，测定空气中二氧化硫的检出限为 0.007mg/m^3，测定下限为 0.028mg/m^3，测定上限为 0.667mg/m^3。

当使用 50mL 吸收液，采样体积为 288L，试份为 10mL 时，测定空气中二氧化硫的检出限为 0.004mg/m^3，测定下限为 0.014mg/m^3，测定上限为 0.347mg/m^3。

（2）四氯汞盐吸收-副玫瑰苯胺分光光度法

四氯汞盐吸收-副玫瑰苯胺分光光度法测定二氧化硫的标准方法中所用的吸收液四氯汞盐为剧毒试剂，操作时应按规定要求佩戴防护器具，避免接触皮肤和衣服；标准溶液的配制应在通风柜内进行操作；检测后的残渣残液应做妥善的安全处理。因此一般不作为测定二氧化硫的首选方法。

适用范围：本标准适用于环境空气中二氧化硫的测定。

当使用 5mL 吸收液，采样体积为 30L 时，测定空气中二氧化硫的检出限为 0.005mg/m^3，测定下限为 0.020mg/m^3，测定上限为 0.18mg/m^3。

当使用 50mL 吸收液，采样体积为 288L 时，测定空气中二氧化硫的检出限为 0.005mg/m^3，测定下限为 0.020mg/m^3，测定上限为 0.19mg/m^3。

任务实施

1. 甲醛吸收-副玫瑰苯胺分光光度法

（1）原理

二氧化硫被甲醛缓冲溶液吸收后，生成稳定的羟甲基磺酸加成化合物，在样品溶液中加入氢氧化钠使加成化合物分解，释放出的二氧化硫与副玫瑰苯胺、甲醛作用，生成紫红色化合物，用分光光度计在波长 577nm 处测量吸光度。

（2）试剂和材料

除非另有说明，分析时均使用符合国家标准的分析纯试剂，实验用水为新制备的蒸馏水或同等纯度的水。

① 碘酸钾（KIO_3），优级纯，经 110℃干燥 2h。

② 氢氧化钠溶液，c（NaOH）=1.5mol/L：称取 6.0gNaOH，溶于 100mL 水中。

③ 环已二胺四乙酸二钠溶液，c（CDTA-2Na）=0.05mol/L：称取 1.82g 反式 1,2-环已二胺四乙酸［（trans-1,2-cyclohexyl enedinitrilo） tetraacetic acid，简称 CDTA-2Na］，加入氢氧化钠溶液 6.5mL，用水稀释至 100mL。

④ 甲醛缓冲吸收储备液：吸取 36%～38%的甲醛溶液 5.5mL，CDTA-2Na 溶液 20.00mL；称取 2.04g 邻苯二甲酸氢钾，溶于少量水中；将 3 种溶液合并，再用水稀释至

100mL，储于冰箱可保存 1 年。

⑤ 甲醛缓冲吸收液：用水将甲醛缓冲吸收储备液稀释 100 倍。临用时现配。

⑥ 氨磺酸钠溶液，ρ（NaH_2NSO_3）＝6.0g/L：称取 0.60g 氨磺酸［H_2NSO_3H］置于 100mL 烧杯中，加入 4.0mL 氢氧化钠，用水搅拌至完全溶解后稀释至 100mL，摇匀。此溶液密封可保存 10d。

⑦ 碘储备液，c（$\frac{1}{2}I_2$）＝0.10mol/L：称取 12.7g 碘（I_2）于烧杯中，加入 40g 碘化钾和 25mL 水，搅拌至完全溶解，用水稀释至 1000mL，储存于棕色细口瓶中。

⑧ 碘溶液，c（$\frac{1}{2}I_2$）＝0.010mol/L：量取碘储备液 50mL，用水稀释至 500mL，储于棕色细口瓶中。

⑨ 淀粉溶液，ρ＝5.0g/L：称取 0.5g 可溶性淀粉于 150mL 烧杯中，用少量水调成糊状，慢慢倒入 100mL 沸水，继续煮沸至溶液澄清，冷却后储于试剂瓶中。

⑩碘酸钾基准溶液，c（$\frac{1}{6}KIO_3$）＝0.1000mol/L：准确称取 3.5667g 碘酸钾溶于水，移入 1000mL 容量瓶中，用水稀至标线，摇匀。

⑪ 盐酸溶液，c（HCl）＝1.2mol/L：量取 100mL 浓盐酸，用水稀释 1000mL。

⑫ 硫代硫酸钠标准储备液，$c(Na_2S_2O_3)$＝0.10mol/L：称取 25.0g 硫代硫酸钠($Na_2S_2O_3 \cdot 5H_2O$)，溶于 1000mL 新煮沸但已冷却的水中，加入 0.2g 无水碳酸钠，储于棕色细口瓶中，放置一周后备用。如溶液呈现混浊，必须过滤。

标定方法：吸取 3 份 20.00mL 碘酸钾基准溶液分别置于 250mL 碘量瓶中，加 70mL 新煮沸但已冷却的水，加 1g 碘化钾，振摇至完全溶解后，加 10mL 盐酸溶液，立即盖好瓶塞，摇匀。于暗处放置 5min 后，用硫代硫酸钠标准溶液滴定溶液至浅黄色，加 2mL 淀粉溶液，继续滴定至蓝色刚好褪去为终点。硫代硫酸钠标准溶液的摩尔浓度按式（2-2-15）计算：

$$c_1 = \frac{0.10000 \times 20.00}{V} \tag{2-2-15}$$

式中　c_1——硫代硫酸钠标准溶液的摩尔浓度，mol/L；

　　　V——滴定所耗硫代硫酸钠标准溶液的体积，mL。

⑬ 硫代硫酸钠标准溶液，$c(Na_2S_2O_3)$＝0.01mol/L±0.00001mol/L：取 50.0mL 硫代硫酸钠储备液置于 500mL 容量瓶中，用新煮沸但已冷却的水稀释至标线，摇匀。

⑭ 乙二胺四乙酸二钠盐(EDTA-2Na)溶液，ρ＝0.50g/L：称取 0.25g 乙二胺四乙酸二钠盐(EDTA-2Na)溶于 500mL 新煮沸但已冷却的水中。临用时现配。

⑮亚硫酸钠溶液，$\rho(Na_2SO_3)$＝1g/L：称取 0.2g 亚硫酸钠(Na_2SO_3)，溶于 200mL EDTA-2Na溶液中，缓缓摇匀以防充氧，使其溶解。放置 2～3h 后标定。此溶液每毫升相当于 320～400μg 二氧化硫。

标定方法：

a. 取 6 个 250mL 碘量瓶（A1、A2、A3、B1、B2、B3），分别加入 50.0mL 碘溶液。在 A1、A2、A3 内各加入 25mL 水，在 B1、B2 内加入 25.00mL 亚硫酸钠溶液，盖好瓶盖。

b. 立即吸取 2.00mL 亚硫酸钠溶液加到一个已装有 40～50mL 甲醛吸收液的 100mL 容量瓶中，并用甲醛吸收液稀释至标线、摇匀。此溶液即为二氧化硫标准储备溶液，在4～5℃

下冷藏，可稳定 6 个月。

c. 紧接着再吸取 25.00mL 亚硫酸钠溶液加入 B3 内，盖好瓶塞。

d. A1、A2、A3、B1、B2、B3 六个瓶子于暗处放置 5min 后，用硫代硫酸钠溶液滴定至浅黄色，加 5mL 淀粉指示剂，继续滴定至蓝色刚刚消失。平行滴定所用硫代硫酸钠溶液的体积之差应不大于 0.05mL。

⑯ 二氧化硫标准储备溶液的质量浓度由公式（2-2-16）计算：

$$\rho=\frac{(\overline{V}_0-\overline{V})\times C_2\times 32.02\times 10^3}{25.00}\times\frac{2.00}{100} \tag{2-2-16}$$

式中　ρ ——二氧化硫标准储备溶液的质量浓度，μg/mL；

$\overline{V}_0$ ——空白滴定所用硫代硫酸钠溶液的体积，mL；

$\overline{V}$ ——样品滴定所用硫代硫酸钠溶液的体积，mL；

C_2——硫代硫酸钠溶液的浓度，mol/L。

⑰ 二氧化硫标准溶液，ρ（Na_2SO_3）＝1.00μg/mL：用甲醛吸收液将二氧化硫标准储备溶液稀释成每毫升含 1.0μg 二氧化硫的标准溶液。此溶液用于绘制标准曲线，在 4～5℃下冷藏，可稳定一个月。

⑱ 盐酸副玫瑰苯胺（pararosaniline，简称 PRA，即副品红或对品红）储备液：ρ＝0.2g/100mL。其纯度应达到副玫瑰苯胺提纯及检验方法的质量要求。

⑲ 副玫瑰苯胺溶液，ρ＝0.050g/100mL：吸取 25.00mL 副玫瑰苯胺储备液于 100mL 容量瓶中，加 30mL 85％的浓磷酸，12mL 浓盐酸，用水稀释至标线，摇匀，放置过夜后使用。避光密封保存。

⑳ 盐酸-乙醇清洗液：由 3 份（1＋4）盐酸和 1 份 95％乙醇混合配制而成，用于清洗比色管和比色皿。

（3）仪器和设备

① 分光光度计。

② 多孔玻板吸收管：10mL 多孔玻板吸收管，用于短时间采样；50mL 多孔玻板吸收管，用于 24h 连续采样。

③ 恒温水浴：0～40℃，控制精度为±1℃。

④ 具塞比色管：10mL 用过的比色管和比色皿应及时用盐酸-乙醇清洗液浸洗，否则红色难于洗净。

⑤ 空气采样器用于短时间采样的普通空气采样器，流量范围 0.1～1L/min，应具有保温装置。用于 24h 连续采样的采样器应具备有恒温、恒流、计时、自动控制开关的功能，流量范围 0.1～0.5L/min。

⑥ 一般实验室常用仪器。

（4）干扰及消除

本方法的主要干扰物为氮氧化物、臭氧及某些重金属元素。采样后放置一段时间可使臭氧自行分解；加入氨磺酸钠溶液可消除氮氧化物的干扰；吸收液中加入磷酸及环已二胺四乙酸二钠盐可以消除或减少某些金属离子的干扰。10mL 样品溶液中含有 50μg 钙、镁、铁、镍、镉、铜等金属离子及 5μg 二价锰离子时，对本方法测定不产生干扰。当 10mL 样品溶液中含有 10μg 二价锰离子时，可使样品的吸光度降低 27％。

（5）样品采集

① 短时间采样：采用内装 10mL 吸收液的多孔玻板吸收管，以 0.5L/min 的流量采气 45～60min。吸收液温度保持在 23～29℃范围。

② 24h 连续采样：用内装 50mL 吸收液的多孔玻板吸收瓶，以 0.2L/min 的流量连续采样 24h。吸收液温度保持在 23～29℃范围。

③ 现场空白：将装有吸收液的采样管带到采样现场，除了不采气之外，其他环境条件与样品相同。

注：a. 样品采集、运输和储存过程中应避免阳光照射。

b. 放置在室内的 24h 连续采样器，进气口应连接符合要求的空气质量集中采样管路系统，以减少二氧化硫进入吸收瓶前的损失。

（6）检测步骤

① 绘制校准曲线

取 16 支 10mL 具塞比色管，分 A、B 两组，每组 7 支，分别对应编号。A 组按表 2-2-4 配制校准色列：

表 2-2-4　二氧化硫校准色列

管号	0	1	2	3	4	5	6
二氧化硫标准溶液Ⅱ（mL）	0	0.50	1.00	2.00	5.00	8.00	10.00
甲醛缓冲吸收液（mL）	10.00	9.50	9.00	8.00	5.00	2.00	0
二氧化硫含量（μg/10mL）	0	0.50	1.00	2.00	5.00	8.00	10.00

在 A 组各管中分别加入 0.5mL 氨磺酸钠溶液和 0.5mL 氢氧化钠溶液，混匀。

在 B 组各管中分别加入 1.00mL PRA 溶液。

将 A 组各管的溶液迅速地全部倒入对应编号并盛有 PRA 溶液的 B 管中，立即加塞混匀后放入恒温水浴装置中显色。在波长 577nm 处，用 10mm 比色皿，以水为参比测量吸光度。以空白校正后各管的吸光度为纵坐标，以二氧化硫的质量浓度（μg/10mL）为横坐标，用最小二乘法建立校准曲线的回归方程。

显色温度与室温之差不应超过 3℃。根据季节和环境条件按表 2-2-5 选择合适的显色温度与显色时间：

表 2-2-5　显色温度与显色时间

显色温度（℃）	10	15	20	25	30
显色时间（min）	40	25	20	15	5
稳定时间（min）	35	25	20	15	10
试剂空白吸光度 A_0	0.030	0.035	0.040	0.050	0.060

② 样品测定

a. 样品溶液中如有混浊物，则应离心分离除去。

b. 样品放置 20min，以使臭氧分解。

c. 短时间采集的样品：将吸收管中的样品溶液移入 10mL 比色管中，用少量甲醛吸收液洗涤吸收管，洗液并入比色管中并稀释至标线。加入 0.5mL 氨磺酸钠溶液，混匀，放置 10min 以除去氮氧化物的干扰。以下步骤同校准曲线的绘制。

d. 连续24h采集的样品：将吸收瓶中样品移入50mL容量瓶（或比色管）中，用少量甲醛吸收液洗涤吸收瓶后再倒入容量瓶（或比色管）中，并用吸收液稀释至标线。吸取适当体积的试样（视浓度高低而决定取2～10mL）于10mL比色管中，再用吸收液稀释至标线，加入0.5mL氨磺酸钠溶液，混匀，放置10min以除去氮氧化物的干扰，以下步骤同校准曲线的绘制。

（7）结果计算

空气中二氧化硫的质量浓度，按公式（2-2-17）计算：

$$\rho=\frac{(A-A_0-a)}{b\times V_s}\times\frac{V_t}{V_a} \tag{2-2-17}$$

式中　ρ——空气中二氧化硫的质量浓度，mg/m^3；

A——样品溶液的吸光度；

A_0——试剂空白溶液的吸光度；

b——校准曲线的斜率，吸光度·10mL/μg；

a——校准曲线的截距（一般要求小于0.005）；

V_t——样品溶液的总体积，mL；

V_a——测定时所取试样的体积，mL；

V_s——换算成标准状态下（101.325kPa，273K）的采样体积，L。

计算结果准确到小数点后三位。

（8）精密度和准确度

① 精密度

10个实验室测定浓度为0.101μg/mL的二氧化硫统一标准样品，重复性相对标准偏差小于3.5%，再现性相对标准偏差小于6.2%。

10个实验室测定浓度为0.515μg/mL的二氧化硫统一标准样品，重复性相对标准偏差小于1.4%，再现性相对标准偏差小于3.8%。

② 准确度

测量105个浓度范围在0.01L～1.70μg/mL的实际样品，加标回收率范围在96.8%～108.2%之间。

（9）质量保证和质量控制

① 多孔玻板吸收管的阻力为（6.0±0.6）kPa，2/3玻板面积发泡均匀，边缘无气泡逸出。

② 采样时吸收液的温度在23～29℃时，吸收效率为100%。10～15℃时，吸收效率偏低5%。高于33℃或低于9℃时，吸收效率偏低10%。

③ 每批样品至少测定2个现场空白，即将装有吸收液的采样管带到采样现场，除了不采气之外，其他环境条件与样品相同。

④ 当空气中二氧化硫浓度高于测定上限时，可以适当减少采样体积或者减少试料的体积。

⑤ 如果样品溶液的吸光度超过标准曲线的上限，可用试剂空白液稀释，在数分钟内再测定吸光度，但稀释倍数不要大于6。

⑥ 显色温度低，显色慢，稳定时间长。显色温度高，显色快，稳定时间短。操作人员

必须了解显色温度、显色时间和稳定时间的关系，严格控制反应条件。

⑦ 测定样品时的温度与绘制校准曲线时的温度之差不应超过2℃。

⑧ 在给定条件下校准曲线斜率应为0.042±0.004，试剂空白吸光度A_0在显色规定条件下波动范围不超过±15%。

⑨ 六价铬能使紫红色络合物褪色，产生负干扰，故应避免用硫酸-铬酸洗液洗涤玻璃器皿。若已用硫酸-铬酸洗液洗涤过，则需用盐酸溶液（1+1）浸洗，再用水充分洗涤。

2. 四氯汞盐吸收-副玫瑰苯胺分光光度法

（1）原理

二氧化硫被四氯汞钾溶液吸收后，生成稳定的二氯亚硫酸盐络合物，再与甲醛及盐酸副玫瑰苯胺作用，生成紫红色络合物，在575nm处测量吸光度。

（2）试剂和材料

除非另有说明，分析时均使用符合国家标准的分析纯试剂，实验用水为新制备的蒸馏水或同等纯度的水。

① 碘酸钾(KIO_3)，优级纯，经110℃干燥2h。

② 碘化钾(KI)。

③ 冰乙酸(CH_3COOH)。

④ 四氯汞钾(TCM)吸收液，c(TCM)=0.04mol/L：称取10.9g二氯化汞、6.0g氯化钾和0.070g乙二胺四乙酸二钠盐(EDTA-2Na)溶于水中，稀释至1L。此溶液在密闭容器中储存，可稳定6个月。如发现有沉淀，不可再用。

⑤ 甲醛溶液，ρ(HCHO)≈2g/L：量取1mL36%～38%(质量分数)甲醛溶液，稀释至200mL，临用时现配。

⑥ 氨基磺酸铵溶液，$\rho(H_2NSO_3NH_4)$=6.0g/L：称取0.60g氨基磺酸铵溶于100mL水中，临用时现配。

⑦ 碘储备液，$c(\frac{1}{2}I_2)$=0.10mol/L：称取12.7g碘(I_2)于烧杯中，加入40g碘化钾和25mL水，搅拌至完全溶解，用水稀释至1000mL，储存于棕色细口瓶中。

⑧ 碘溶液，$c(\frac{1}{2}I_2)$=0.010mol/L：量取碘储备液50mL，用水稀释至500mL，储于棕色细口瓶中。

⑨ 淀粉溶液，ρ=5.0g/L：称取0.5g可溶性淀粉于150mL烧杯中，用少量水调成糊状，慢慢倒入100mL沸水，继续煮沸至溶液澄清，冷却后储于试剂瓶中。

⑩ 碘酸钾基准溶液，$c(\frac{1}{6}KIO_3)$=0.1000mol/L：准确称取3.5667g碘酸钾溶于水，移入1000mL容量瓶中，用水稀至标线，摇匀。

⑪ 盐酸溶液，c(HCl)=1.2mol/L：量取100mL浓盐酸，加到900mL水中。

⑫ 硫代硫酸钠标准储备液，$c(Na_2S_2O_3)$=0.10mol/L：称取25.0g硫代硫酸钠($Na_2S_2O_3 \cdot 5H_2O$)，溶于1000mL，新煮沸但已冷却的水中，加入0.2g无水碳酸钠，储于棕色细口瓶中，放置一周后备用。如溶液呈现混浊，必须过滤。

标定方法：吸取三份20.00mL碘酸钾基准溶液分别置于250mL碘量瓶中，加70mL新煮沸但已冷却的水，加1g碘化钾，振摇至完全溶解后，加10mL盐酸溶液，立即盖好瓶塞，摇匀。于暗处放置5min后，用硫代硫酸钠标准溶液滴定溶液至浅黄色，加2mL淀粉溶液，继续滴定至蓝色刚好褪去为终点。硫代硫酸钠标准溶液的摩尔浓度按式(2-2-18)计算：

$$c_1=\frac{0.10\times 20.00}{V} \tag{2-2-18}$$

式中　c_1——硫代硫酸钠标准溶液的摩尔浓度，mol/L；

V——滴定所耗硫代硫酸钠标准溶液的体积，mL。

⑬ 硫代硫酸钠标准溶液，$c(Na_2S_2O_3)\approx 0.01000$mol/L：取50.0mL硫代硫酸钠储备液置于500mL容量瓶中，用新煮沸但已冷却的水稀释至标线，摇匀。

⑭ 乙二胺四乙酸二钠盐(EDTA-2Na)溶液，$\rho=0.50$g/L：称取0.25g乙二胺四乙酸二钠盐溶于500mL新煮沸但已冷却的水中。临用时现配。

⑮ 亚硫酸钠溶液，$\rho(Na_2SO_3)=1$g/L：称取0.2g亚硫酸钠(Na_2SO_3)，溶于200mL EDTA-2Na溶液中，缓缓摇匀以防充氧，使其溶解。放置2～3h后标定。此溶液每毫升相当于320～400μg二氧化硫。

标定方法：

a. 取6个250mL碘量瓶(A_1、A_2、A_3、B_1、B_2、B_3)，在A_1、A_2、A_3内各加入25mL乙二胺四乙酸二钠盐溶液，在B_1、B_2、B_3内各加入25.00mL亚硫酸钠溶液，分别加入50.0mL碘溶液和1.00mL冰乙酸，盖好瓶盖，摇匀。

b. 立即吸取2.00mL亚硫酸钠溶液加到一个已装有40～50mL四氯汞钾吸收液的100mL容量瓶中，并用四氯汞钾吸收液稀释至标线、摇匀。此溶液即为二氧化硫标准储备溶液。

c. A_1、A_2、A_3、B_1、B_2、B_3六个瓶子于暗处放置5min后，用硫代硫酸钠溶液滴定至浅黄色，加5mL淀粉指示剂，继续滴定至蓝色刚刚消失。平行滴定所用硫代硫酸钠溶液体积之差应不大于0.05mL。

二氧化硫标准储备溶液的质量浓度由公式(2-2-19)计算：

$$\rho=\frac{(\overline{V}_0)-(\overline{V})\times c_2\times 32.02\times 10^3}{25.00}\times\frac{2.00}{100} \tag{2-2-19}$$

式中　ρ——二氧化硫标准储备溶液的质量浓度，μg/mL；

$\overline{V}_0$——空白滴定所用硫代硫酸钠溶液体积的平均值，mL；

$\overline{V}$——样品滴定所用硫代硫酸钠溶液体积的平均值，mL；

c_2——硫代硫酸钠溶液的浓度，mol/L。

⑯ 二氧化硫标准溶液，$\rho(SO_2)=2.00$μg/mL：用四氯汞钾吸收液将二氧化硫标准储备溶液稀释成含2.0μg/mL二氧化硫的标准溶液。此溶液用于绘制标准曲线，在4～5℃下冷藏，可稳定20d。

⑰ 盐酸副玫瑰苯胺(pararosaniline，PRA，即副品红或对品红)储备液：ρ(PRA)=2mg/mL。其纯度应达到副玫瑰苯胺提纯及检验方法的质量要求。

⑱ 磷酸溶液，$c(H_3PO_4)=3$mol/L：量取41mL 85%浓磷酸(ρ=1.69g/mL)，用水稀释至200mL。

⑲ 盐酸副玫瑰苯胺(PRA)使用液：ρ(PRA)=0.16mg/mL。吸取PRA储备液20.00mL于250mL容量瓶中，加入200mL磷酸溶液，用水稀释至标线。至少放置24h方可使用，存于暗处，可稳定9个月。

（3）仪器和设备

① 分光光度计（可见光波长 380～780nm）。

② 多孔玻板吸收管：10mL 多孔玻板吸收管，用于短时间采样；50mL 多孔玻板吸收瓶，用于 24h 连续采样。

③ 恒温水浴器：0～40℃，控制精度为±1℃。

④ 具塞比色管：10mL。

用过的比色管和比色皿应及时用盐酸（1＋4）和乙醇（95%）的混合溶液（二者体积比为 3∶1）浸洗，否则红色难以洗净。

⑤ 空气采样器。

用于短时间采样的空气采样器，流量范围 0.1～1L/min。用于 24h 连续采样的采样器应具备有恒温、恒流、计时、自动控制仪开关的功能，流量范围 0.1～0.5L/min。

⑥ 一般实验室常用仪器。

（4）干扰及消除

本方法的主要干扰物为氮氧化物、臭氧、锰、铁、铬等。加入氨基磺酸铵可消除氮氧化物的干扰；采样品后放置一段时间可使臭氧自行分解；加入磷酸及环乙二胺四乙酸二钠盐可以消除或减少某些重金属离子的干扰。

（5）样品采集

① 短时间采样：用内装 5.0mL 四氯汞钾吸收液的多孔玻板吸收管，以 0.5L/min 流量采气 10～30L，吸收液温度保持在 10～16℃的范围。

② 连续 24h 采样：用内装 50mL 四氯汞钾吸收液的多孔玻板吸收管，以 0.2L/min 流量采气 288L，吸收液温度保持在 10～16℃的范围。

③ 现场空白：将装有吸收液的采样管带到采样现场，除了不采气之外，其他环境条件与样品相同。

（6）检测步骤

① 绘制标准曲线

取 8 支具塞比色管，按表 2-2-6 配制标准色列：

表 2-2-6　二氧化硫校准色列

管号	0	1	2	3	4	5	6	7
二氧化硫标准溶液Ⅱ（mL）	0	0.60	1.00	1.40	1.60	1.80	2.20	2.70
甲醛缓冲吸收液（mL）	5.00	4.40	4.00	3.60	3.40	3.20	2.80	2.30
二氧化硫含量（μg/10mL）	0	1.20	2.00	2.80	3.20	3.60	4.40	5.40

各管中加入 0.50mL 氨基磺酸铵溶液，摇匀。再加入 0.50mL 甲醛溶液及 1.50mL 副玫瑰苯胺溶液，摇匀。当室温为 15～20℃，显色 30min；室温为 20～25℃，显色 20min；室温为 25～30℃，显色 15min。用 10mm 比色皿，在波长 575nm 处，以水为参比测量吸光度。以空白校正后各管的吸光度为纵坐标，以二氧化硫的含量（μg）为横坐标，用最小二乘法建立校准曲线的回归方程。

② 样品测定

a. 样品中若有混浊物，应离心分离除去；样品放置 20min，以使臭氧分解。

b. 将吸收管中的样品溶液全部移入比色管中，用少量水洗涤吸收管，并入比色管中，使总体积为 5mL，加 0.50mL 氨基磺酸铵溶液，摇匀，放置 10min 以除去氮氧化物的干扰，以下步骤同标准曲线的绘制。

（7）结果计算

空气中二氧化硫的质量浓度，按公式(2-2-20)计算：

$$\rho(SO_2)=\frac{(A-A_0-a)}{b\times V_s}\times\frac{V_t}{V_a} \tag{2-2-20}$$

式中　$\rho(SO_2)$——空气中二氧化硫的质量浓度，mg/m^3；

A——样品溶液的吸光度；

A_0——试剂空白溶液的吸光度；

b——校准曲线的斜率；

a——校准曲线的截距；

V_t——样品溶液的总体积，mL；

V_a——测定时所取试样的体积，mL；

V_s——换算成标准状态下(101.325kPa，273K)的采样体积，L。

计算结果准确到小数点后三位。

（8）精密度和准确度

17 个实验室分析含相当于二氧化硫 0.9～1.2μg/mL 的加标气样(用四氯汞钾吸收液采集大气样品后，加入二氧化硫标准溶液)，单个实验室的相对标准偏差不超过 9.0%，加标回收率为 93%～111%。

18 个实验室分析含二氧化硫相当于 4.8～5.0μg/mL 的加标气样，单个实验室的相对标准偏差不超过 6.6%，加标回收率为 94%～106%。

（9）质量保证和质量控制

① 多孔玻板吸收管的阻力为(6.0±0.6)kPa，2/3 玻板面积发泡均匀，边缘无气泡逸出。

② 采样时吸收液的温度控制在 10～16℃。

③ 每批样品至少测定 2 个现场空白，即将装有吸收液的采样管带到采样现场，除了不采气之外，其他环境条件与样品相同。在样品采集、运输及存放过程中应避免日光直接照射。如果样品不能当天分析，需在 4～5℃下保存，但存放时间不得超过 7d。

④ 当空气中二氧化硫浓度高于测定上限时，可以适当减少采样体积或者减少试料的体积。如果样品溶液的吸光度超过标准曲线的上限，可用试剂空白液稀释，在数分钟内再测定吸光度，但稀释倍数不要大于 6。

⑤ 显色温度低，显色慢，稳定时间长。显色温度高，显色快，稳定时间短。操作人员必须了解显色温度、显色时间和稳定时间的关系，严格控制反应条件。测定样品时的温度与绘制校准曲线时的温度之差不应超过 2℃。

⑥ 在给定条件下校准曲线斜率在 0.073～0.082 之间，测定样品时的试剂空白吸光度 A_0 和绘制标准曲线时的 A_0 波动范围不超过±15%。

⑦ 六价铬能使紫红色络合物褪色，产生负干扰，故应避免用硫酸-铬酸洗液洗涤玻璃器皿。若已用硫酸-铬酸洗液洗涤过，则需用盐酸溶液(1+1)浸洗，再用水充分洗涤。

（10）废物处理

在检测后的四氯汞钾废液中，约加 10g/L 碳酸钠至中性，再加 10g 锌粒。在黑布罩下搅拌 24h 后，将上清液倒入玻璃缸，滴加饱和硫化钠溶液，至不再产生沉淀为止。弃去溶液，将沉淀物转入适当容器里。此方法可以除去废液中 99%的汞。

任务小结

甲醛吸收-盐酸副玫瑰苯胺分光光度法和四氯汞盐吸收-副玫瑰苯胺分光光度法是目前国内测定环境空气中二氧化硫浓度的标准方法，虽然两个方法有很多雷同之处，但均准确可靠，便于操作，在国内广泛运用。

课后自测

一、填空题

1. 环境空气质量标准中二氧化硫污染物所使用的浓度单位是______，所采用的标准分析方法____________________。

2. 针对环境空气中二氧化硫的测定方法中，__________所使用的主要试剂为剧毒试剂，操作时应按规定要求________，避免________和________；标准溶液的配制应在____________进行操作；检测后的残渣残液应做妥善的安全处理。

3. 硫代硫酸钠标准储备液的配制浓度是____________，称取________硫代硫酸钠（$Na_2S_2O_3 \cdot 5H_2O$），溶于 1000mL ____________的水中，加入 0.2g 无水碳酸钠，储于____________，放置一周后备用。如溶液呈现混浊，必须____________。

4. 每批样品都至少测定____个现场空白，即将装有______的采样管带到采样现场，除了不采气之外，其他环境条件与样品相同。在样品采集、运输及存放过程中应避免______。如果样品不能当天分析，需在______下保存，但存放时间不得超过______。

5. 在运用四氯汞盐吸收-副玫瑰苯胺分光光度法进行检测后，四氯汞钾废液中，每升约加____________至中性，再加 10g ____________。在黑布罩下搅拌____________后，将上清液倒入玻璃缸，滴加____________溶液，至不再产生沉淀为止。弃去溶液，将沉淀物转入适当容器里。此方法可以除去废液中____________的汞。

二、问答题

1. 用甲醛吸收-副玫瑰苯胺分光光度法测定 SO_2 时，有哪些物质干扰测定？如何消除？

2. 请写出甲醛吸收-副玫瑰苯胺分光光度法的测定原理？

3. 怎样配制甲醛缓冲吸收液储备液？

4. 如何配制浓度为 0.05mol/L 的硫代硫酸钠标准溶液？

5. 如何标定硫代硫酸钠标准溶液的浓度？

6. 简述四氯汞盐吸收-副玫瑰苯胺分光光度法与甲醛吸收-副玫瑰苯分光光度法测定 SO_2 原理的异同之处。影响方法测定准确度的因素有哪些？

三、计算题

某监测点的环境温度为 18 ℃，气压为 101.1kPa，以 0.50L/min 流量采集空气中二氧化硫，采集 30min。已知测定样品溶液的吸光度为 0.245，试剂空白吸光度为 0.034，二氧化硫校准曲线回归方程斜率 0.0776，截距为 −0.001。计算该监测点标准状态（0 ℃，101.3kPa）下二氧化硫的浓度（mg/m^3）。

任务5　氨的检测

学习提示

氨是室内环境污染中是比较普遍存在和影响严重的，其检测方法是本任务的学习重点，理解其检测的原理、掌握检测的方法。本任务的难点在于完成任务理论部分的学习后，根据所学习的理论指导能够准确进行相应的操作并得出正确的检测结果。

学习过程中应注重与实际相结合的学习方法，对氨检测的学习建议4～6个学时完成。

任务概述

本任务的目的是完成对室内环境中氨污染程度的检测。室内空气中氨的主要来源为生物性废物，如粪、尿、人呼出气和汗液等。理发店所使用的烫发水中含有氨，在使用时可以挥发出来，污染室内空气。建筑施工时使用尿素作为水泥的防冻剂也可造成室内氨的严重污染，因此在《民用建筑工程室内环境污染控制规范》(GB 50325—2010，2013年版)中规定民用建筑工程中所使用的能释放氨的阻燃剂、混凝土外加剂，氨的释放量不应大于0.10%，测定方法应符合现行国际标准《混凝土外加剂中释放氨的限量》(GB18588—2001)的有关规定。对于氨在室内空气环境中的浓度限量在《室内空气质量标准》(GB/T 18883—2002)中规定1h均值不大于0.20mg/m³，在《民用建筑工程室内环境污染控制规范》(GB 50325—2010，2013年版)中规定其在Ⅰ类、Ⅱ类民用建筑工程中同样均不得大于0.20mg/m³。

相关知识

1. 物质简介

氨(Ammonia，即阿摩尼亚)，或称“氨气”，氮和氢的化合物，分子式为NH_3，是一种无色气体，有强烈的刺激气味。极易溶于水，常温常压下1体积水可溶解700倍体积氨，除去压力后吸收周围的热变成气体，是一种制冷剂。氨也是制造硝酸、化肥、和炸药的重要原料。氨对地球上的生物相当重要，它是所有食物和肥料的重要成分，氨也是所有药物直接或间接的组成。氨有很广泛的用途，同时它还具有腐蚀性等危险性质。由于氨有广泛的用途，氨是世界上产量最多的无机化合物之一，多于80%的氨被用于制作化肥。

2. 人体危害

(1) 吸入的危害表现

氨的刺激性是可靠的有害浓度报警信号。但由于嗅觉疲劳，长期接触后对低浓度的氨会难以察觉。吸入是接触的主要途径，吸入氨气后的中毒表现主要有以下几个方面。

轻度吸入氨中毒表现有鼻炎、咽炎、喉痛、发音嘶哑。氨进入气管、支气管会引起咳嗽、咯痰、痰内有血。严重时可咯血及肺水肿，呼吸困难、咯白色或血性泡沫痰，双肺布满大、中水泡音。患者有咽灼痛、咳嗽、咳痰或咯血、胸闷和胸骨后疼痛等。

急性吸入氨中毒的发生多由意外事故如管道破裂、阀门爆裂等造成。急性氨中毒主要表现为呼吸道黏膜刺激和灼伤。其症状根据氨的浓度、吸入时间以及个人感受性等而轻重不同。

急性轻度中毒：咽干、咽痛、声音嘶哑、咳嗽、咳痰，胸闷及轻度头痛，头晕、乏力，支气管炎和支气管周围炎。

急性中度中毒上述症状加重，呼吸困难，有时痰中带血丝，轻度发绀，眼结膜充血明显，喉水肿，肺部有干湿性啰音。

急性重度中毒：剧咳，咯大量粉红色泡沫样痰，气急、心悸、呼吸困难，喉水肿进一步加重，明显发绀，或出现急性呼吸窘迫综合症、较重的气胸和纵隔气肿等。

严重吸入中毒可出现喉头水肿、声门狭窄以及呼吸道黏膜脱落，可造成气管阻塞，引起窒息。吸入高浓度的氨可直接影响肺毛细血管通透性而引起肺水肿，可诱发惊厥、抽搐、嗜睡、昏迷等意识障碍。个别病人吸入极浓的氨气可发生呼吸心跳停止。

(2) 皮肤和眼睛接触的危害表现

低浓度的氨对眼和潮湿的皮肤能迅速产生刺激作用，潮湿的皮肤或眼睛接触高浓度的氨气能引起严重的化学烧伤。急性轻度中毒：流泪、畏光、视物模糊、眼结膜充血。

皮肤接触可引起严重疼痛和烧伤，并能发生咖啡样着色。被腐蚀部位呈胶状并发软，可发生深度组织破坏。

高浓度蒸气对眼睛有强刺激性，可引起疼痛和烧伤，导致明显的炎症并可能发生水肿、上皮组织破坏、角膜混浊和虹膜发炎。轻度病例一般会缓解，严重病例可能会长期持续，并发生持续性水肿、疤痕、永久性混浊、眼睛膨出、白内障、眼睑和眼球粘连及失明等并发症。多次或持续接触氨会导致结膜炎。

任务解析

1. 执行标准规范

由于氨的来源广泛及在建筑工程中的特殊用途，在《民用建筑工程室内环境污染控制规范》(GB 50325—2010，2013 年版)与《室内空气质量标准》(GB/T 18883—2002)中都对氨在室内空气环境中的浓度作出了限量，并对其检测方法给出了执行标准，氨的检测方法的适应类别与标准见表 2-2-7。

表 2-2-7　氨的检测方法适用类别及标准

检测方法	靛酚蓝比色法	次氯酸钠-水杨酸分光光度法		纳氏试剂分光光度法		离子选择电极法
适用	公共场所、居住区及室内空气中氨浓度测定	环境空气中氨的测定，也适用于恶臭源厂界空气中氨的测定		环境空气中氨的测定，也适用于制药、化工、炼焦等工业行业废气中氨的测定		空气和工业废气中的氨
标准	GB/T 18204.25—2014	GB/T 14679—1993	HJ 534—2009	GB/T 14668—1993	HJ 533—2009	GB/T 14669—1993
标准情况	现行	废止	现行	废止	现行	现行

由于《室内空气质量标准》(GB/T 18883—2002)批准时间为 2002 年 11 月，在其规范性引用文件中对氨的检测方法中 GB/T 14679—1993 与 GB/T 14668—1993 已经废止，其检测方法相应的新标准为 HJ 534—2009 与 HJ 533—2009。

2. 检测方法

① 靛酚蓝分光光度法；

② 次氯酸钠-水杨酸分光光度法；

③ 纳氏试剂分光光度法；

④ 离子选择电极法。

任务实施

1. 靛酚蓝分光光度法

(1) 相关标准和依据

本方法主要依据《公共场所卫生检验方法　第2部分：化学污染物》(GB/T 18204.2—2014)中氨的测定方法。

(2) 原理

空气中氨吸收在稀硫酸中，在亚硝基铁氰化钠及次氯酸钠存在下，与水杨酸生成蓝绿色靛酚蓝染料，比色定量。

(3) 测定范围

本法检出限为 0.2μg/10mL。若采样体积为 20L 时，可测浓度范围为 0.01～0.5mg/m^3。

(4) 试剂和材料

① 无氨水。

② 吸收液：0.005mol/L 硫酸溶液。量取 2.8mL 浓硫酸加入水中，用水稀释至 1000mL。临用时再稀释 10 倍。

③ 水杨酸溶液(50g/L)：称取 10g 水杨酸[$C_6H_4(OH)COOH$]和 10.0g 柠檬酸钠($Na_3C_6H_5O_7 \cdot 2H_2O$)，加水约 50mL，再加 55mL 氢氧化钠[$c(NaOH)=2mol/L$]，用水稀至 200mL。此试剂稍有黄色，室温可稳定 1 个月。

④ 亚硝基铁氰化钠溶液(10g/L)：称取 1.0g 亚硝基铁氰化钠[$Na_2Fe(CN)_5 \cdot NO \cdot 2H_2O$]溶于 100mL 水中，储于冰箱中可稳定 1 个月。

⑤ 次氯酸钠原液：次氯酸钠试剂，有效氯不低于 5.2%。取 1mL 次氯酸钠原液，用碘量法标定其浓度。

标定方法：称取 2g 碘化钾于 250mL 碘量瓶中，加水 50mL 溶解。再加 1.00mL 次氯酸钠试剂，加 0.5mL(1+1)盐酸溶液，摇匀。暗处放置 3min，用 0.1000mol/L 硫代硫酸钠标准溶液滴定至浅黄色，加入 1mL 5g/L 淀粉溶液，继续滴定至蓝色刚好褪去为终点。记录滴定所用硫代硫酸钠标准溶液的体积，平行滴定 3 次，消耗硫代硫酸钠标准溶液体积之差不应大于 0.04mL，取其平均值。已知硫代硫酸钠标准溶液的浓度，则次氯酸钠标准溶液浓度按式(2-2-21)计算：

$$c = \frac{c(Na_2S_2O_3) \times V}{1.00 \times 2} \tag{2-2-21}$$

式中　c——次氯酸钠标准溶液浓度，mol/L；

V——滴定时所消耗硫代硫酸钠标准溶液的体积，mL；

$c(Na_2S_2O_3)$——硫代硫酸钠标准溶液的浓度，mol/L。

⑥ 次氯酸钠使用液[$c(NaClO)=0.05mol/L$]

用 2mol/L NaOH 溶液稀释标定好的次氯酸钠标准溶液成 0.05mol/L 的使用液，存于冰箱中可保存 2 个月。

⑦ 氨标准溶液

准确称取 0.3142g 经 105℃干燥 2h 的氯化铵（NH_4Cl）。用少量水溶解，移入 100mL 容量瓶中，用吸收液稀释至刻度。此液 1.00mL 含 1mg 的氨。临用时，再用吸收液稀释成 1.00mL 含 1μg 氨的标准溶液。

（5）仪器和设备

① 空气采样器。

② 气泡吸收管：10mL。

③ 具塞比色管：10mL。

④ 分光光度计：可用波长为 697.5nm。

⑤ 玻璃容器：经校正的容量瓶、移液管。

⑥ 聚四氟乙烯管（或玻璃管）：内径 6～7mm。

（6）采样和样品保存

① 采样

用 1 个内装 10mL 吸收液的气泡吸收管，以 0.5L/min 流量，采气 20L。并记录采样时的温度和大气压力。采样后，样品在室温保存，于 24h 内分析。

② 样品保存

采集好的样品，应尽快分析。必要时于 2～5℃下冷藏，可储存一周。

（7）分析步骤

① 标准曲线的绘制

按表 2-2-8 在 10mL 比色管中制备标准色列。

表 2-2-8　氨标准色列

管号	0	1	2	3	4	5	6
标准溶液体积（mL）	0.00	0.50	1.00	3.00	5.00	7.00	10.00
水体积（mL）	10.00	9.50	9.00	7.00	5.00	3.00	0
氨含量（μg）	0	0.50	1.00	3.00	5.00	7.00	10.00

向以上各管分别加入 0.50mL 水杨酸溶液，混匀；再加入 0.1mL 亚硝基铁氰化钠溶液和 0.1mL 次氯酸钠使用液，混匀，室温下放置 60min 后，在波长 697.5nm 下，用 10mm 比色皿，以蒸馏水作参比，测定各管的吸光度。以氨含量（μg）为横坐标，吸光度为纵坐标，绘制校准曲线，计算回归曲线的斜率，以斜率的倒数为样品测定的计算因子 B_s（μg/吸光度）。校准曲线的斜率应为 0.081±0.003。

② 样品的测定

试样溶液用吸收液定容到 10mL，取一定量试样溶液（吸取量视试样浓度而定）于 10mL 比色管中，再用吸收液稀释到 10mL。以下步骤按绘制标准曲线操作进行分光光度测定，再用 10mL 吸收液，进行空白试验。

（8）结果计算

将采样体积换算成标准状态下的体积。空气中氨浓度用式（2-2-22）计算：

$$c=\frac{(A-A_0)\times B_s\times D}{V_0} \quad (2\text{-}2\text{-}22)$$

式中　c——试样中的氨含量，mg/m^3；

A——样品溶液吸光度；

A_0——试剂空白液吸光度；

B_s——由（7）分析步骤中测得的计算因子，μg/吸光度；

V_0——标准状况下的采样体积，L；

D——分析时样品溶液的稀释倍数。

2. 次氯酸钠-水杨酸分光光度法

（1）相关标准和依据

本方法现行标准《环境空气　氨的测定　次氯酸钠-水杨酸分光光度法》（HJ 534—2009），实施时间2010年4月1日，原标准《空气质量　氨的测定　次氯酸钠-水杨酸分光光度法》（GB/T 14679—1993）同时废止。

现行标准HJ 534—2009较原标准GB/T 14679—1993增加了环境空气的采样方式；明确了方法的检出限和测定下限；增加了采样全程空白；合并了计算公式；增加了规范性附录。

（2）原理

氨被稀硫酸吸收液吸收后，生成硫酸铵。在亚硝基铁氰化钠存在下，铵离子、水杨酸和次氯酸钠反应生成蓝色络合物，在波长697mm处测定吸光度。吸光度与氨的含量成正比，根据吸光度计算氨的含量。

（3）测定范围

检出限为0.1μg/10mL吸收液。当吸收液总体积为10mL，以1.0L/min的流量，采样体积为1～4L时，氨的检出限为0.025mg/m^3，测定下限为0.10mg/m^3，测定上限为12mg/m^3。当吸收液总体积为10mL，采样体积为25L时，氨的检出限为0.004mg/m^3，测定下限为0.016mg/m^3。

（4）试剂与材料

分析时所用试剂均使用符合国家标准的分析纯化学试剂，实验用水为无氨水，使用经过检定的容量器皿和量器。

① 水（无氨水）。

制备方法一：离子交换法。将蒸馏水通过一个强酸性阳离子交换树脂（氢型）柱，流出液收集在磨口玻璃瓶中。每升流出液中加10g强酸性阳离子交换树脂（氢型），以利保存。

制备方法二：蒸馏法。在1000mL蒸馏水中加入0.1mL硫酸（4.2），在全玻璃蒸馏器中重蒸馏。弃去前50mL流出液，然后将约800mL流出液收集在磨口玻璃瓶中。每升收集的流出液中加入10g强酸性阳离子交换树脂（氢型），以利保存。

制备方法三：纯水器法。用市售纯水器直接制备。

② 硫酸：$\rho(H_2SO_4)=1.84g/mL$。

③ 硫酸吸收液：$c(1/2H_2SO_4)=0.005mol/L$。

量取 2.7mL 硫酸加入水中，并稀释至 1L，配得 0.1mol/L 的储备液。临用时再稀释 20 倍。

④ 水杨酸-酒石酸钾钠溶液：称取 10.0g 水杨酸[$C_6H_4(OH)COOH$]置于 150mL 烧杯中，加适量水，再加入 5moL/L 氢氧化钠溶液 15mL，搅拌使之完全溶解。另称取 10.0g 酒石酸钾钠($KNaC_4H_6O_6 \cdot 4H_2O$)，溶解于水，加热煮沸以除去氨，冷却后，与上述溶液合并移入 200mL 容量瓶中，用水稀释至标线，摇匀。此溶液 pH 为 6.0～6.5，在 2～5℃于棕色瓶中可以稳定 1 个月。

⑤ 亚硝基铁氰化钠溶液，$\rho=10g/L$。称取 0.1g 亚硝基铁氰化钠{$Na_2[Fe(CN)_6NO] \cdot 2H_2O$}，置于 10mL 具塞比色管中，加水使之溶解，定容至标线，临用现配。

⑥ 次氯酸钠：可购买商品试剂，亦可以自己制备。

制备方法：将盐酸($\rho=1.19g/L$)逐滴作用于高锰酸钾固体，将逸出的氯气导入 2mol/L 氢氧化钠吸收液中吸收，生成淡草绿色的次氯酸钠溶液，存放于塑料瓶中。因该溶液(原液)不稳定，每次使用前应标定其有效氯浓度和游离碱浓度(以 NaOH 计)。

有效氯浓度标定方法：吸取 10.0mL 次氯酸钠于 100mL 容量瓶中，加水稀释至标线，混匀。移取 10.0mL 稀释后的次氯酸钠溶液于 250mL 碘量瓶中，加入蒸馏水 40mL，碘化钾 2.0g，混匀。再加入 6mol/L 硫酸溶液 5mL，密塞，混匀。置暗处 5min 后，用 0.10mol/L 硫代硫酸钠溶液滴至淡黄色，加入约 1mL 淀粉指示剂，继续滴至蓝色消失为止。其有效氯浓度按式(2-2-23)计算：

$$Cl_2 = \frac{c \times V \times 35.46}{10.0} \times \frac{100}{10}(g/L) \tag{2-2-23}$$

式中　c——硫代硫酸钠溶液的浓度，mol/L；

V——滴定时消耗硫代硫酸钠溶液的体积，mL。

35.46——有效氯的摩尔质量($Cl_2/2$)，g/mol。

游离碱浓度标定：

a. 盐酸溶液的标定。碳酸钠标准溶液：$c(\frac{1}{2}Na_2CO_3)=0.1000mol/L$。称取经 180℃干燥 2h 的无水碳酸钠 2.6500g，溶于新煮沸放冷的水中，移入 500mL 容量瓶中，稀释至标线。

甲基红指示剂：$\rho=0.5g/L$。称取 50mg 甲基红溶于 100mL 乙醇($\rho=0.79g/mL$)中。

盐酸标准滴定溶液：$c(HCl)=0.10mol/L$。取 8.5mL 盐酸($\rho=1.19g/L$)于 1000mL 容量瓶中，用水稀释至标线。标定方法：移取 25.00mL 碳酸钠标准溶液于 150mL 锥形瓶中，加 25mL 水和 1 滴甲基红指示剂，用盐酸标准滴定溶液滴定至淡红色为止。用公式(2-2-24)计算盐酸的浓度：

$$c(HCl) = \frac{c_1 \times V_1}{V_2} \tag{2-2-24}$$

式中　c——盐酸标准滴定溶液的浓度，mol/L；

c_1——碳酸钠标准溶液的浓度，mol/L；

V_1——碳酸钠标准溶液的体积，mL；

V_2——盐酸标准滴定溶液的体积，mL。

b. 次氯酸钠溶液中游离碱（以 NaOH 计）的测定：吸取次氯酸钠 1.0mL 于 150mL 锥形瓶中，加 20mL 水，以酚酞作指示剂，用 0.10mol/L 盐酸标准滴定溶液滴定至红色完全消失为止。如果终点的颜色变化不明显，可在滴定后的溶液中加 1 滴酚酞指示剂，若颜色仍显红色，则需继续用盐酸标准滴定溶液滴至无色。

游离碱的浓度计算按式（2-2-25）计算：

$$NaOH = \frac{c_{HCl} \times V_{HCl}}{V} \quad (mol/L) \tag{2-2-25}$$

式中　c_{HCl}——盐酸标准溶液的浓度，mol/L；

V_{HCl}——滴定时消耗的盐酸溶液的体积，mL；

V——滴定时吸取的次氯酸钠溶液的体积，mL。

⑦ 氢氧化钠溶液，$c(NaOH)=2mol/L$。称取 8.0g 氢氧化钠，溶解于 100mL 水中。

⑧ 次氯酸钠使用液，ρ(有效氯)＝3.5g/L，c(游离碱)＝0.75mol/L。

取适量经标定的次氯酸钠，用水和 2mol/L 氢氧化钠溶液稀释成含有效氯浓度为 3.5g/L，游离碱浓度为 0.75mol/L（以 NaOH 计）的次氯酸钠使用液（根据标定结果计算需要的稀释倍数或需要补加的氢氧化钠的体积），存放于棕色滴瓶内。本试剂可稳定 1 周。

⑨ 氯化铵标准储备液，$\rho=1000\mu g/mL$。称取 0.7855g 氯化铵（NH_4Cl，优级纯，在 100～105℃干燥 2h）溶解于水，移入 250mL 容量瓶中，用水稀释到标线，可在 2～5℃保存 1 个月。

⑩ 氯化铵标准使用液，$\rho=10\mu g/mL$。吸取氯化铵标准储备液 5.0mL，于 500mL 容量瓶中，用水稀释到标线，现配现用。

（5）仪器和设备

① 气体采样泵：流量范围为 0.1～1.0L/min。

② 大型气泡式吸收管：10mL。

③ 具塞比色管：10mL。

④ 分光光度计：配 10mm 光程比色皿。

⑤ 干燥管：内装变色硅胶或玻璃棉。

（6）样品

① 采样管的准备

应选择气密性好、阻力和吸收效率合格的吸收管清洗干净并烘干备用。在采样前装入吸收液并密封避光保存。

② 样品采集

采样系统由干燥管、吸收管和气体采样泵组成，吸收管中装有 10mL 吸收液。采样时应带采样全程空白采样管。

a. 恶臭源厂界采样：以 1.0L/min 的流量，采气 1～4L，采样时注意恶臭源下风向，捕集恶臭感觉强烈时的样品。

b. 环境空气采样：以 0.5～1.0L/min 的流量，采气至少 45min。

③ 样品保存

采样后应尽快分析，以防止吸收空气中的氨。若不能立即分析，2～5℃可保存 7d。

（7）分析步骤

① 绘制标准曲线

取 7 支具塞 10mL 比色管，按表 2-2-9 制备标准色列。

表 2-2-9　标准色列

管号	0	1	2	3	4	5	6
标准溶液体积（mL）	0.00	0.20	0.40	0.60	0.80	1.00	1.20
氨含量（μg）	0	2.0	4.0	6.0	8.00	10.0	12.0

各管用水稀释至 10mL，分别加入 1.00mL 水杨酸-酒石酸钾钠溶液，2 滴亚硝基铁氰化钠溶液，2 滴次氯酸钠使用液，摇匀，放置 1h。用 10mm 比色皿，于波长 697nm 处，以水为参比，测定吸光度。以扣除试剂空白的吸光度为纵坐标，氨含量（μg）为横坐标，绘制标准曲线。

② 样品测定

采样后补加适量水，将样品溶液定容至 10mL。准确吸取一定量样品溶液（吸取量视样品浓度而定）于 10mL 比色管中，用吸收液稀释至 10mL，加入 1.0mL 水杨酸-酒石酸钾钠溶液，2 滴亚硝基铁氰化钠溶液，2 滴次氯酸钠使用液，摇匀，放置 1h。用 10mm 比色皿，于波长 697nm 处，以水为参比，测定吸光度。

③ 空白实验

吸收液空白：用与样品同批配制的吸收液代替样品，按照样品测定吸光度。

采样全程空白：即在采样管中加入与样品同批配制的相应体积的吸收液，带到采样现场、未经采样的吸收液，按样品测定吸光度。

（8）结果计算

氨的含量由式（2-2-26）计算：

$$\rho_{NH_3} = \frac{(A - A_0 - a) \times V_S}{b \times V_{nd} \times V_0} \tag{2-2-26}$$

式中　ρ_{NH_3}——氨含量，mg/m^3；

A——样品溶液的吸光度；

A_0——与样品同批配制的吸收液空白的吸光度；

a——校准曲线截距；

b——校准曲线斜率；

V_S——样品溶液的总体积，mL；

V_0——分析时所取样品溶液的体积，mL；

V_{nd}——所采气样标准体积（101.325kPa，273K），L。

其中标准体积 V_{nd} 按式（2-2-27）计算：

$$V_{nd} = \frac{V \times P \times 273}{101.325 \times (273 + t)} \tag{2-2-27}$$

式中　V——采样体积，L；

P——采样时大气压，kPa；

t——采样温度，℃。

3. 纳氏试剂分光光度法

（1）相关标准和依据

本方法现行标准《环境空气和废气　氨的测定　纳氏试剂分光光度法》（HJ 533—2009），实施时间 2010 年 4 月 1 日，原标准《空气质量　氨的测定　纳氏试剂比色法》（GB/T 14668—1993）同时废止。

现行标准 HJ 533—2009 较原标准 GB/T 14668—1993 增加了吸收液体积为 10mL 的采样方式及其检测出限；增加了质量控制条款，其中包括无氨水的检测、采样全程空、试剂配制和采样等注意事项，合并了结果的计算公式。

纳氏试剂分光光度法操作警示：二氯化汞（$HgCl_2$）和碘化汞（HgI_2）均为剧毒物质，避免经皮肤和口腔接触。

（2）原理

用稀硫酸溶液吸收空气中的氨，生成的铵离子与纳氏试剂反应生成黄棕色络合物，该络合物的吸光度与氨的含量成正比，在 420nm 波长处测量吸光度，根据吸光度计算空气中氨的含量。

（3）测定范围

本标准的方法检出限为 0.5μg/10mL 吸收液。当吸收液体积为 50mL，采气 10L 时，氨的检出限为 0.25mg/m^3，测定下限为 1.0mg/m^3，测定上限 20mg/m^3。当吸收液体积为 10mL，采气 45L 时，氨的检出限为 0.01mg/m^3，测定下限 0.04mg/m^3，测定上限 0.88mg/m^3。

（4）试剂与材料

除非另有说明，分析时所用试剂均使用符合国家标准的分析纯化学试剂，实验用水为无氨水（无氨水的制备按“次氯酸钠-水杨酸分光光度法”中所述方法）。

① 硫酸，$\rho(H_2SO_4)=1.84$g/mL。

② 盐酸，$\rho(HCl)=1.18$g/mL。

③ 硫酸吸收液，$c(1/2H_2SO_4)=0.01$mol/L。量取 2.8mL 硫酸加入水中，并稀释至 1L，得 0.1mol/L 储备液。临用时再用水稀释 10 倍。

④ 纳氏试剂：称取 12g 氢氧化钠（NaOH）溶于 60mL 水中，冷却；称取 1.7g 二氯化汞（$HgCl_2$）溶解在 30mL 水中；称取 3.5g 碘化钾（KI）于 10mL 水中，在搅拌下将上述二氯化汞溶液慢慢加入碘化钾溶液中，直至形成的红色沉淀不再溶解为止。

在搅拌下，将冷却至室温的氢氧化钠溶液缓慢地加入到上述二氯化汞和碘化钾的混合液中，再加入剩余的二氯化汞溶液，混匀后于暗处静置 24h，倾出上清液，储于棕色瓶中，用橡皮塞塞紧，2～5℃可保存 1 个月。

⑤ 酒石酸钾钠溶液，$\rho=500$g/L。称取 50g 酒石酸钾钠（$KNaC_4H_6O_6 \cdot 4H_2O$）溶于 100mL 水中，加热煮沸以驱除氨，冷却后定容至 100mL。

⑥ 盐酸溶液，$c(HCl)=0.1$mol/L。取 8.5mL 盐酸，加入一定量的水中，定容至 1000mL。

⑦ 氨标准储备液，$\rho(NH_3)=1000$μg/mL。称取 0.7855g 氯化铵（NH_4Cl，优级纯，在 100～105℃干燥 2h）溶解于水，移入 250mL 容量瓶中，用水稀释到标线。

⑧ 氨标准使用溶液，$\rho(NH3)=20$μg/mL。吸取 5.00mL 氨标准储备液（4.8）于 250mL 容量瓶中，稀释至刻度，摇匀。临用前配制。

(5)仪器和设备

① 气体采样装置：流量范围为 0.1～1.0L/min。

② 玻板吸收管或大气冲击式吸收管：125mL、50mL 或 10mL。

③ 具塞比色管：10mL。

④ 分光光度计：配 10mm 光程比色皿。

⑤ 玻璃容器：经检定的容量瓶、移液管。

⑥ 聚四氟乙烯管(或玻璃管)：内径 6～7mm。

⑦ 干燥管(或缓冲管)：内装变色硅胶或玻璃棉。

(6) 样品

① 采样管的准备

应选择气密性好、阻力和吸收效率合格的吸收管清洗干净并烘干备用。在采样前装入吸收液并密封避光保存。

② 样品采集

采样系统由采样管、干燥管和气体采样泵组成。采样时应带采样全程空白吸收管。

环境空气采样：用 10mL 吸收管，以 0.5～1L/min 的流量采集，采气至少 45min。

工业废气采样：用 50mL 吸收管，以 0.5～1L/min 的流量采集，采气时间视具体情况而定。若工业废气（如烟道气）的温度明显高于环境温度时，应对采样管线加热，防止烟气在采样管线中结露。

③ 样品保存

采样后应尽快分析，以防止吸收空气中的氨。若不能立即分析，2～5℃可保存 7d。

(7) 分析步骤

① 绘制校准曲线

取 7 支 10mL 具塞比色管，按表 2-2-10 制备标准色列。

表 2-2-10　标准色列

管号	0	1	2	3	4	5	6
标准溶液体积（mL）	0.00	0.20	0.40	0.60	0.80	1.00	1.20
水	10.00	9.90	9.70	9.50	9.00	8.50	8.00
氨含量（μg）	0	2.0	6.0	10.0	20.0	30.0	40.0

按表 2-2-10 准确移取相应体积的标准使用液，加水至 10mL，在各管中分别加入 0.50mL 酒石酸钾钠溶液，摇匀，再加入 0.50mL 纳氏试剂，摇匀。放置 10min 后，在波长 420nm 下，用 10mm 比色皿，以水作参比，测定吸光度。以氨含量（μg）为横坐标，扣除试剂空白的吸光度为纵坐标绘制校准曲线。

② 样品测定

取一定量样品溶液（吸取量视样品浓度而定）于 10mL 比色管中，用吸收液稀释至 10mL。

加入 0.50mL 酒石酸钾钠溶液，摇匀，再加入 0.50mL 纳氏试剂，摇匀，放置 10min 后，在波长 420nm，用 10mm 比色皿，以水作参比，测定吸光度。

③ 空白试验

吸收液空白：以与样品同批配制的吸收液代替样品，按样品测定吸光度。

采样全程空白：即在采样管中加入与样品同批配制的相应体积的吸收液，带到采样现场、未经采样的吸收液，按样品测定吸光度。

（8）结果计算

氨的含量由式（2-2-28）计算：

$$\rho_{NH_3} = \frac{(A - A_0 - a) \times V_S}{b \times V_{nd} \times V_0} \tag{2-2-28}$$

式中　ρ_{NH_3}——氨含量，mg/m^3；

A——样品溶液的吸光度；

A_0——与样品同批配制的吸收液空白的吸光度；

a——校准曲线截距；

b——校准曲线斜率；

V_S——样品吸收液总体积，mL；

V_0——分析时所取吸收液体积，mL；

V_{nd}——所采气样标准状态下的体积（101.325kPa，273K），L。

所采气样标准状态下的体积V_{nd}按式（2-2-29）计算：

$$V_{nd} = \frac{V \times P \times 273}{101.325 \times (273 + t)} \tag{2-2-29}$$

式中　V——采样体积，L；

P——采样时大气压，kPa；

t——采样温度，℃。

4. 离子选择电极法

（1）相关标准和依据

本方法主要依据《空气质量　氨的测定　离子选择电极法》（GB/T 14669—1993）。

（2）原理

氨气敏电极为复合电极，以pH玻璃电极为指示电极，银-氯化银电极为参比电极。此电极对置于盛有0.1mol/L氯化铵内充液的塑料套管中，管底用一张微孔疏水薄膜与试液隔开，并使透气膜与pH玻璃电极间有一层很薄的液膜。当测定由0.05mol/L硫酸吸收液所吸收的大气中的氨时，借加入强碱，使铵盐转化为氨，由扩散作用通过透气膜（水和其他离子均不能通过透气膜），使氯化铵电解液膜层内$NH_4^+ \rightleftharpoons NH_3 + H^+$的反应向左移动，引起氢离子浓度改变，由pH玻璃电极测得其变化。在恒定的离子强度下，测得的电极电位与氨浓度的对数呈线性关系。由此，可从测得的电位值确定样品中氨的含量。

（3）最低检测浓度

本方法检测限为10mL吸收溶液中0.7μg氨。当样品溶液总体积为10mL，采样体积60L时，最低检测浓度为0.014mg/m^3。

（4）试剂

除另有说明外，分析时均使用符合国家标准或专业标准的分析纯试剂，所用水均为无氨水。

① 电极内充液：$c(NH_4Cl)$＝0.1mol/L。

② 碱性缓冲液：含有$c(NaOH)$＝5mol/L氢氧化钠和$c(EDTA\text{-}2Na)$0.5mol/L乙二胺

四乙酸二钠盐的混合溶液，储于聚乙烯瓶中。

③ 吸收液：$c(H_2SO_4)$＝0.05mol/L 硫酸溶液。

④ 氨标准储备液：1.00mg/mL 氨。称取 3.141g 经 100℃干燥 2h 的氯化铵(NH_4Cl)溶于水中，移入 1000mL 容量瓶中，稀释至标线，摇匀。

⑤ 氨标准使用液：用氨标准储备液逐级稀释配制。

(5) 仪器

① 氨敏感膜电极。

② pH/毫伏计：精确到 0.2mV。

③ 磁力搅拌器：带有用聚四氟乙烯包覆的搅拌棒。

④ 空气采样器。

(6) 采样

量取 10.00mL 吸收液于 U 型多孔玻板吸收管中，调节采样器上的流量计的流量至 1.0L/min(用标准流量计校正)，采样至少 45min。

(7) 分析步骤

① 仪器和电极的准备：按测定仪器及电极使用说明书进行仪器调试和电极组装。

② 校准曲线的绘制：吸取 10.0mL 浓度分别为 0.1mg/L、1.0mg/L、10mg/L、100mg/L、1000mg/L 的氨标准溶液于 25mL 小烧杯中，浸入电极后加入 1.0mL 碱性缓冲液。在搅拌下，读取稳定的电位值 E(在 1min 内变化不超过 1mV 时，即可读数)，在半对数坐标纸上绘制 E-log$C$ 的校准曲线。

③ 测定：采样后，将吸收管中的吸收液倒入 10mL 容量瓶中，再以少量吸收液清洗吸收管，加入容量瓶，最后以吸收液定容至 10mL，将容量瓶中吸收液放入 25mL 小烧杯中，以下步骤与校准曲线绘制相同，由测得电位值在校准曲线上查得气样吸收液氨含量(mg/L)，然后计算出空气样品中氨浓度(mg/m^3)。

(8) 结果的表示

空气中氨的浓度 c，按式(2-2-30)计算：

$$c=\frac{10\times b}{V_n}\quad (mg/m^3) \tag{2-2-30}$$

式中　b——吸收液中氨含量，mg/L；

V_n——换算成标准状态下的采样体积，L。

任务小结

1. 靛酚蓝分光光度法要点

样品中含有三价铁等金属离子、硫化物和有机物时，干扰测定。处理方法如下：

除金属离子：加入柠檬酸钠溶液可消除常见离子的干扰。

除硫化物：若样品因产生异色而引起干扰(如硫化物存在时为绿色)时，可在样品溶液中加入稀盐酸而去除干扰。

除有机物：有些有机物(如甲醛)，生成沉淀干扰测定，可在比色前用 0.1mol/L 的盐酸溶液将吸收液酸化到 pH≤2 后，煮沸即可除去。

2. 纳氏试剂分光光度法要点

本法测定的是室内空气中氨气和颗粒物中铵盐的总量，不能分别测定两者的浓度。

为降低试剂空白值，所有试剂均用无氨水配制。

在氯化铵标准储备液中加 1～2 滴氯仿，可以抑制微生物的生长。

采用纳氏试剂分光光度法进行氨测时要注意干扰的排除，其中三价铁等金属离子的干扰可在分析时加入 0.50mL 酒石酸钾钠溶液（4.6）络合掩蔽，可消除三价铁等金属离子的干扰。若样品因产生异色而引起干扰（如硫化物存在时为绿色）时，可在样品溶液中加入稀盐酸去除硫化物的干扰。还会存在有机物的干扰，某些有机物质（如甲醛）生成沉淀干扰测定，可在比色前用 0.1mol/L 的盐酸溶液（4.7）将吸收液酸化到 pH 不大于 2 后煮沸排除干扰。

课后自测

1. 空气中氨的检测方法有哪些，比较各法的优缺点。
2. 靛酚蓝分光光度法检测氨的原理是什么？

任务 6　臭氧的检测

学习提示

臭氧并非完全是污染物，了解臭氧在我们日常生活中的用途、来源以及过量对人体的危害，通过本任务的学习树立对臭氧正确的认识，理解臭氧的浓度是其问题的关键，所以掌握臭氧在室内空气中浓度的检测方法是本任务的学习重点，本任务的难点在于根据检测结果正确评价臭氧对室内环境的影响。

学习过程中应注重与实际相结合的学习方法，对臭氧检测的学习建议 4 个学时完成。

任务概述

本任务的目的是完成对室内环境中臭氧污染程度的检测。室内臭氧主要来自室外的光化学烟雾，此外，室内的电视机、复印机、激光印刷机、负离子发生器、紫外灯、电子消毒柜等家用电器使用过程中也产生臭氧。

同铅污染、硫化物等一样，臭氧会在人类日常生活活动中产生，汽车、燃料、石化等都是臭氧产生的重要污染源。在车水马龙的街上行走，常常看到空气略带浅棕色，又有一股辛辣刺激的气味，这就是通常所称的光化学烟雾。臭氧就是光化学烟雾的主要成分，它不是直接被排放的，而是转化而成的，比如汽车排放的氮氧化物，只要在阳光辐射及适合的气象条件下就可以生成臭氧。随着汽车和工业排放的增加，地面臭氧污染在欧洲、北美、日本以及我国的许多城市中成为普遍现象。由于室外臭氧浓度不断升高，加之室内环境中的大量电器设备在使用过程中以及使用臭氧进行消毒过程中也会引起室内臭氧浓度升高，当臭氧浓度达到一定程度时就会对人体健康产生负面的影响，基于对室内健康空气环境的需求，人们要对室内环境中臭氧浓度进行检测。

相关知识

1. 物质简介

臭氧(O_3)是氧气(O_2)的同素异形体，在常温下，它是一种有特殊臭味的淡蓝色气体。臭氧在大气中的含量只有百万分之一，在离地面 10～50km 的大气平流层中，臭氧的浓度有十万分之一，集中了大气中约 90%的臭氧，称为臭氧层。在臭氧层里，臭氧的生成和消亡处于动态平衡，维持着一定的浓度。臭氧层如同地球的保护伞，能有效遮挡住阳光中有害的短波紫外线。每到春天，南极上空的平流层臭氧都会发生急剧的大规模耗损，极地上空的臭氧层中心地带近 95%的臭氧被破坏，与周围相比好像形成了一个“洞”，“臭氧空洞”因此而得名。臭氧空洞被定义为臭氧的浓度较臭氧空洞发生前减少 30%的区域。大气中的臭氧层可吸收近 99%的紫外线，只有 1%的长波紫外线到达地面，从而起到保护地球生物的积极作用，氟氯碳化合物(CFCs，俗称氟利昂)和含溴化合物哈龙(Halons)等可造成平流层臭氧层破坏，使太阳紫外线到达地表强度增加，引起人体皮肤癌发病率上升。地表未污染大气中 O_3浓度为 0.02ppm。雷电时空气中氧可发生光致离解生成 O_3，高压电器放电过程、紫外灯、电弧、高频无声放电和焊接切割等过程都会生成 O_3。

臭氧是一种强氧化剂，具有很强的杀菌消毒、漂白、除味等特性，臭氧可以清除和杀灭空气、水、食物中的有毒物质和细菌，在消毒、灭菌过程中仅产生无毒的氧化物，多余的臭氧最终还原为氧，在被消毒物品上无残留，无二次污染，因此广泛应用于水消毒、食品加工杀菌净化、食品储藏保鲜、医疗卫生和家庭消毒净化等方面。其杀菌的机理是作用于细菌的细胞膜，使细胞膜构成受到损坏，导致新陈代谢的障碍且抑制其生长，直至死亡；其杀灭病毒的机理是通过直接破坏其核糖核酸或脱氧核糖核酸来完成；其降解农药的机理是通过直接破坏其化学键来实现。当臭氧浓度为 0.08～0.6ppm 时，对空气中细菌繁殖体中的大肠杆菌作用 30min，其平均杀灭率达 84.60%～99.9%；而空气中臭氧浓度为 0.34～0.85ppm 时，作用 10～30min，其杀灭率可达 99.47%～99.97%；当浓度为 0.21mg/L 时，作用 10min 对金黄色葡萄球菌杀灭率达 90.81%；如提高浓度为 0.72mg/L 时，作用时间仍为 10min，杀灭率可达 99.99%。一般来讲，臭氧的浓度越高其杀菌效果越好。在常温常压下，臭氧稳定性较差，在常温下可自行分解为氧气。因此臭氧不能储存，一般现场生产，立即使用。

2. 人体危害

臭氧除了对人类有益的一面外，同时它又是一种对环境污染的物质，低浓度的臭氧可消毒，但过量吸入对人体健康有一定危害。在夏季，由于工业和汽车废气的影响，尤其在大城市周围和农林地区，地表臭氧会形成和聚集。地表臭氧对人体，尤其是对眼睛、呼吸道等有侵蚀和损害作用。

过量的臭氧会刺激黏液膜，它对人体有毒副作用，尤其是过敏体质的人，长时间暴露在臭氧含量超过 0.18mg/m^3的环境下，会出现皮肤刺痒，呼吸不畅，咳嗽及鼻炎等症状。浓度再高，会给人体造成更大的伤害，诸如咽喉肿痛、胸闷咳嗽、引发支气管炎和肺气肿，甚至造成人的神经中毒，头晕头痛、视力下降、记忆力衰退、呼吸短促、疲倦、鼻子出血等。

因此，正确认识臭氧的利与弊，通过对臭氧在室内环境空气中的浓度检测，营造一个健康的室内环境。

任务解析

1. 执行标准规范

臭氧由于其特殊性，在室内环境空气中的浓度就成为衡量与评价其影响的重点，在《室内空气质量标准》(GB/T 18883—2002)与《环境空气质量标准》(GB 3095—2012)中都对臭氧在室内空气环境中的浓度作出了限量，并对其检测方法给出了执行标准，臭氧检测方法的适应类别与标准见表 2-2-11。

表 2-2-11　臭氧的检测方法适用类别及标准

检测方法	靛蓝二磺酸钠分光光度法			紫外光度法	
适用	环境空气中臭氧的测定，相对封闭环境(如室内、车内)空气中臭氧的测定			适用于环境空气中臭氧的瞬时测定，也适用于环境空气中臭氧的连续自动监测	
标准	GB/T 15437—1995	HJ 504—2009	GB/T 18204.2—2014	GB/T 15438—1995	HJ 590—2010
标准情况	废止	现行	现行	废止	现行
发布	国家环境保护部		质监局	国家环境保护部	

由于《室内空气质量标准》(GB/T 18883—2002) 批准时间为 2002 年 11 月，在其规范性引用文件中对臭氧的检测方法中 GB/T 15437—1995 与 GB/T 15438—1995 已经废止，其检测方法相应的新标准为 HJ 504—2009 与 HJ 590—2010。

对臭氧的检测还有化学发光法 (ISO 10313—1993)，利用乙烯与臭氧发生化学发光反应，用光电倍增管接受发光光强来计算出臭氧的浓度。此法在 20 世纪 70～80 年代很盛行，曾经被美国 ERP 列为环境检测标准方法之一，但由于化学发光法必须配用乙烯气瓶，乙烯属于可燃物，乙烯与臭氧反应控制不当还会引起爆炸，该方法具有一定的危险性，现已很少采用，被紫外光度法所取代。

2. 检测方法

① 靛蓝二磺酸钠分光光度法 (HJ 504—2009)；

② 紫外光度法 (HJ 590—2010)。

任务实施

1. 靛蓝二磺酸钠分光光度法

(1) 相关标准和依据

本方法现行标准《环境空气　臭氧的测定　靛蓝二磺酸钠分光光度法》(HJ 504—2009)，实施时间 2009 年 12 月 1 日，原标准《环境空气　臭氧的测定　靛蓝二磺酸钠分光光度法》(GB/T 15437—1995) 同时废止。

现行标准 HJ 504—2009 较原标准 GB/T 15437—1995 修改了标准适用范围，增加了检定上限和下限，修改了靛蓝二磺酸钠 (IDS) 吸收液的浓度，改串联两支多孔玻板吸收管采样为单支多孔玻板吸收管采样，在采样部分增加了“现场空白”。

（2）原理

空气中的臭氧在磷酸盐缓冲溶液存在下，与吸收液中蓝色的靛蓝二磺酸钠等摩尔反应，褪色生成靛红二磺酸钠，在 610nm 处测量吸光度，根据蓝色减褪的程度定量空气中臭氧的浓度。

（3）测定范围

当采样体积为 30L 时，本标准测定空气中臭氧的检出限为 0.010mg/m^3，测定下限为 0.040mg/m^3。当采样体积为 30L 时，吸收液质量浓度为 2.5μg/mL 或 5.0μg/mL 时，测定上限分别为 0.50mg/m^3或 1.00mg/m^3。当空气中臭氧质量浓度超过该上限时，可适当减少采样体积。

（4）试剂和材料

除非另有说明，所用试剂均使用符合国家标准的分析纯化学试剂，实验用水为新制备的去离子水或蒸馏水。

① 溴酸钾标准储备溶液 $c(\frac{1}{6}KBrO_3)=0.1000mol/L$：称取 1.3918g 溴酸钾（优级纯，180℃烘 2h）溶解于水，移入 500mL 容量瓶中，用水稀释至标线。溴酸钾-溴化钾标准溶液 $c(\frac{1}{6}KBrO_3)=0.0100mol/L$：吸取 10.00mL 溴酸钾标准储备溶液于 100mL 容量瓶中，加入 1.0g 溴化钾（KBr），用水稀释至标线。

② 硫代硫酸钠标准储备溶液 $c(Na_2S_2O_3)=0.1000mol/L$。硫代硫酸钠标准工作溶液 $c(Na_2S_2O_3)=0.0050mol/L$：临用前，准确量取硫代硫酸钠标准储备溶液用水稀释 20 倍。

③ 硫酸溶液，1+6（配合比，溶质是硫酸的浓溶液，溶剂是水。溶剂是溶质的 6 倍，即水的体积是浓硫酸的 6 倍）。

④ 淀粉指示剂溶液（$\rho=2.0g/L$）：称取 0.20g 可溶性淀粉，用少量水调成糊状，慢慢倒入 100mL 沸水中，煮沸至溶液澄清。

⑤ 磷酸盐缓冲溶液 $c(KH_2PO_4\text{-}Na_2HPO_4)=0.050mol/L$：称取 6.8g 磷酸二氢钾（$KH_2PO_4$）和 7.1g 无水磷酸氢二钠（$Na_2HPO_4$），溶解于水，稀释至 1000mL。

⑥ 靛蓝二磺酸钠（$C_{16}H_8O_8Na_2S_2$，简称 IDS），分析纯、化学纯或生化试剂。IDS 标准储备溶液：称取 0.25g 靛蓝二磺酸钠（IDS），溶解于水，移入 500mL 棕色容量瓶中，用水稀释至标线，摇匀，室温暗处存放 24h 后标定。此溶液 20℃以下暗处存放可稳定两周。

标定方法：吸取 20.00mL IDS 标准储备溶液于 250mL 碘量瓶中，加入 20.00mL 溴酸钾-溴化钾标准溶液，再加入 50mL 水，盖好瓶塞，放入（16±1）℃水浴或生化培养箱中，至溶液温度与水温平衡时，加入 5.0mL（1+6）硫酸溶液，立即盖好瓶塞，混匀并开始计时，在（16±1）℃水浴中，于暗处放置（35±1）min。加入 1.0g 碘化钾（KI）立即盖好瓶塞摇匀至完全溶解，在暗处放置 5min 后，用硫代硫酸钠标准工作溶液滴定至红棕色刚好褪去呈现淡黄色，加入 5mL 淀粉指示剂，继续滴定至蓝色消褪呈现亮黄色。两次平行滴定所用硫代硫酸钠标准工作溶液的体积之差不得大于 0.10mL。

IDS 溶液相当于臭氧的质量浓度 $c(O_3,\mu g/mL)$按式（2-2-31）计算：

$$c(O_3,\mu g/mL)=\frac{c_1V_1-c_2V_2}{V}\times 12.00\times 10^3 \tag{2-2-31}$$

式中　c_1——溴酸钾-溴化钾标准溶液的浓度，mol/L；

V_1——加入溴酸钾-溴化钾标准溶液的体积，mL；

c_2——滴定时所用硫代硫酸钠标准工作溶液的浓度，mol/L；

V_2——滴定时所用硫代硫酸钠标准工作溶液的体积，mL；

V——IDS 标准储备溶液的体积，mL；

12.00——臭氧的摩尔质量（$\frac{1}{4}O_3$），g/mol。

⑦ IDS 标准工作溶液：将标定后的 IDS 标准储备溶液用磷酸盐缓冲溶液，稀释成每毫升相当于 1.0μg 臭氧的 IDS 标准工作溶液。此溶液于 20℃以下暗处存放，可稳定一周。IDS 吸收液：取适量 IDS 标准储备溶液用磷酸盐缓冲溶液稀释成每毫升相当于 2.5μg 或 5.0μg 臭氧的 IDS 吸收液。此溶液于 20℃以下暗处可保存使用一个月。

（5）仪器和设备

除非另有说明，分析时均使用符合国家 A 级标准的玻璃量器。

① 空气采样器：流量范围 0.0～1.0L/min，流量稳定。使用时，用皂膜流量计校准采样系统在采样前和采样后的流量，相对误差应小于±5%。

② 多孔玻板吸收管：内装 10mL 吸收液，以 0.50L/min 流量采气，玻板阻力应为 4～5kPa，气泡分散均匀。

③ 具塞比色管：10mL。

④ 生化培养箱或恒温水浴：温控精度为±1℃。

⑤ 水银温度计：精度为±0.5℃。

⑥ 分光光度计：具 20mm 比色皿，可于波长 610nm 处测量吸光度。

⑦ 一般实验室常用玻璃仪器。

（6）采样

① 样品采集与保存

用内装（10.00±0.02）mL IDS 吸收液的多孔玻板吸收管，罩上黑色避光套，以 0.5L/min流量采气 5～30L。当吸收液褪色约 60%时（与现场空白样品比较），应立即停止采样。样品在运输及存放过程中应严格避光。当确信空气中臭氧的质量浓度较低，不会穿透时，可以用棕色玻板吸收管采样。样品于室温暗处存放至少可稳定三天。

② 现场空白样品

用同一批配制的 IDS 吸收液，装入多孔玻板吸收管中，带到采样现场。除了不采集空气样品外，其他环境条件保持与采集空气的采样管相同。每批样品至少带两个现场空白样品。

（7）分析步骤

① 标准曲线绘制

取 6 支 10mL 具塞比色管，按表 2-2-12 制备标准色列。

表 2-2-12　标准色列

管号	0	1	2	3	4	5
IDS 标准工作溶液（mL）	10.00	8.00	6.00	4.00	2.00	0.00
磷酸盐缓冲溶液（mL）	0.00	2.00	4.00	6.00	8.00	10.00
臭氧浓度（μg/mL）	0.00	0.20	0.40	0.60	0.80	1.00

各管摇匀，用 20mm 比色皿，在波长 610nm 处，以水为参比测量吸光度。以臭氧质量浓度为横坐标，以标准色列零管样品的吸光度（A_0）与各标准样品管的吸光度（A）之差（A_0-A）为纵坐标，用最小二乘法按式（2-2-32）计算标准曲线的回归方程：

$$y = bx + a \qquad (2\text{-}2\text{-}32)$$

式中　y ——A_0-A，空白样品的吸光度与各标准样品管的吸光度之差；

x ——臭氧质量浓度，μg/mL；

b ——回归方程的斜率，吸光度·mL/μg；

a ——回归方程的截距。

完成用已知质量浓度的臭氧标准气体绘制标准曲线。

② 样品测定

采样后，在吸收管的入气口端串接一个玻璃尖嘴，在吸收管的出气口端用吸耳球加压将吸收管中的样品溶液移入 25mL（或 50mL）容量瓶中，用水多次洗涤吸收管，使总体积为 25.0mL（或 50.0mL）。用 20mm 比色皿，在波长 610nm 下以水作参比测量吸光度。

用与样品溶液同一批配制的 IDS 吸收液，按样品的测定步骤测定零空气样品的吸光度。

（8）空气中臭氧的质量浓度按式（2-2-33）计算

$$\rho(O_3) = \frac{(A_0 - A - a \times V)}{b \times V_0} \qquad (2\text{-}2\text{-}33)$$

式中　$\rho(O_3)$——环境空气中臭氧的质量浓度，mg/m^3；

A_0——现场空白样品吸光度的均值；

A——样品的吸光度；

a——标准曲线的截距；

V——样品溶液的总体积，mL；

b——标准曲线的斜率；

V_0——换算为标准状态（101.325kPa，273K）的采样体积，L。

所得结果精确至小数点后三位。

2. 紫外光度法

（1）相关标准和依据

本方法现行标准《环境空气　臭氧的测定　紫外光度法》（HJ 590—2010），实施时间 2011 年 1 月 1 日，原标准《环境空气　臭氧的测定　紫外分光光度法》（GB/T 15438—1995）同时废止。

现行标准 HJ 590—2010 较原标准 GB/T 15438—1995 修改了标准适用范围及参考条件，明确规定了公式 $\ln(I/I_0)=a\ c\ d$ 中各项代表的物理意义，增加了臭氧浓度的计算公式，补充完善了检测的技术条件和注意事项，增加了对零空气质量的要求和确认步骤。

（2）原理

当样品空气以恒定的流速通过除湿器和颗粒物过滤器进入仪器的气路系统时分成两路，一路为样品空气，一路通过选择性臭氧洗涤器成为零空气，样品空气和零空气在电磁阀的控制下交替进入样品吸收池（或分别进入样品吸收池和参比池），臭氧对 253.7nm 波长的紫外光有特征吸收。设零空气通过吸收池时检测的光强度为 I_0，样品空气通过吸收池时检测的光强度为 I，则 I/I_0 为透光率。仪器的微处理系统根据朗伯 -比尔定律公式（2-2-34），由透光率计算臭氧浓度。

$$\ln(I/I_0) = a \times c \times d \tag{2-2-34}$$

式中　I/I_0——臭氧样品的透光率，即样品空气和零空气的光强度之比；

c——采样温度压力条件下臭氧的质量浓度，$\mu g/m^3$；

d——吸收池的光程，m；

a——臭氧在253.7nm处的吸收系数，$a=1.44\times10^{-5}m^2/\mu g$。

（3）测定范围

紫外光度法适用于测定环境空气中臭氧的浓度范围是0.003～2mg/m³。

（4）试剂和材料

① 采样管线

采样管线须采用玻璃、聚四氟乙烯等不与臭氧起化学反应的惰性材料。为了缩短样品空气在管线中的停留时间，应尽量采用短的采样管线。经证明，如果样品空气在管线中停留时间少于5s，臭氧损失小于1%。

② 颗粒物过滤器

过滤器由滤膜及其支架组成，其材质应选用聚四氟乙烯等不与臭氧起化学反应的惰性材料。滤膜的材质为聚四氟乙烯，孔径为5μm。一般新滤膜需要经过环境空气平衡一段时间才能获得稳定的读数。应根据环境中颗粒物浓度和采样体积定期更换滤膜，一片滤膜最长使用时间不得超过14d。当发现在5～15min内臭氧浓度递减5%～10%时，应立即更换滤膜。

③ 零空气

符合分析校准程序要求的零空气，可以由零气发生装置产生，也可以由零气钢瓶提供。如果使用合成空气，其中氧的浓度应为合成空气的（20.9±2）%，来源不同的零空气可能含有不同的残余物质，从而产生不同的紫外吸收。因此，向紫外光度计提供的零空气必须与校准臭氧浓度时臭氧发生器所用的零空气为同一来源。

（5）仪器和设备

① 环境臭氧分析仪

典型的紫外光度臭氧测量系统组成见图2-2-5。

环境臭氧分析仪主要由以下几部分组成。

紫外吸收池：应由不与臭氧起化学反应的惰性材料制成，并具有良好的机械稳定性，以至光学校准不受环境温度变化的影响。吸收池温度控制精度为±0.5℃，吸收池中样品空气压力控制精度为±0.2kPa。

紫外光源灯：如低压汞灯，其发射的紫外单色光集中在253.7nm，而185nm的光（照射氧产生臭氧）通过石英窗屏蔽去除。光源灯发出的紫外辐射应足够稳定，能够满足分析要求，典型的紫外臭氧分析仪性能参数：

动态范围：0.002～2mg/m³　　检测限：0.002mg/m³

延迟时间：15s　　响应时间：15s

零点漂移：每周0.5%　　跨度漂移：每周0.5%

重复性精密度：±0.002mg/m³　　无人照管操作周期：7d

采样流速：1～2L/min　　操作的极限条件：0～45℃

预热时间：2h

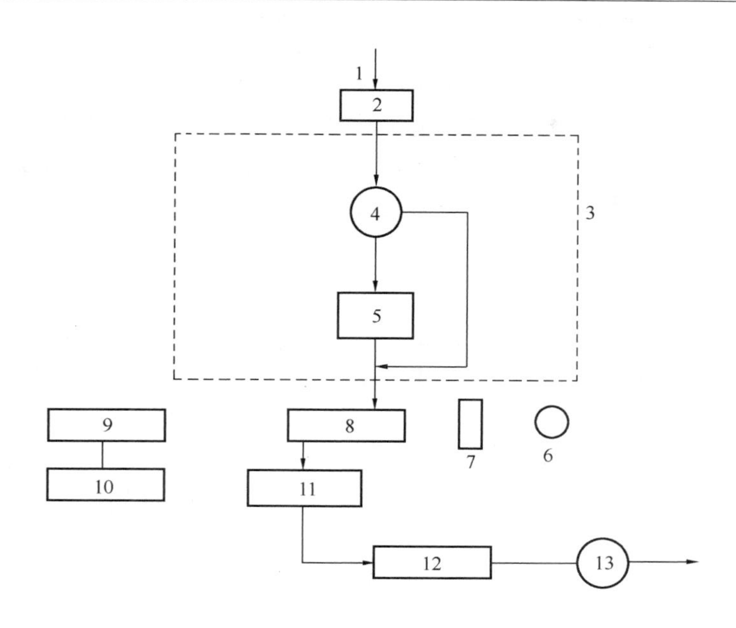

图 2-2-5　典型的紫外光度臭氧测量系统组成

1—空气输入；2—颗粒物过滤器和除湿器；3—环境臭氧分析仪；4—旁路阀；5—涤气器；6—紫外光源灯；7—光学镜片；8—UV 吸收池；9—UV 检测器；10—信号处理；11—空气流量计；12—流量控制器；13—泵

紫外检测器：能定量接收波长 253.7nm 处辐射的 99.5%，其电子组件和传感器的响应稳定，能满足分析要求。

带旁路阀的涤气器：其活性组分能在环境空气样品流中选择性地去除臭氧。

采样泵：安装在气路的末端，见图 2-2-5，抽吸空气流过臭氧分析仪，能保持流量在1～2L/min。

流量控制器：紧接在采样泵的前面，可适当调节流过臭氧分析仪的空气流量。

空气流量计：安装在紫外吸收池的后面，见图 2-2-5，流量范围为 1～2L/min。

温度指示器：能测量紫外吸收池中样品空气的温度，准确度为±0.5℃。

压力指示器：能测量紫外吸收池内的样品空气的压力，准确度为±0.2kPa。

② 校准用主要设备

紫外校准光度计（UV Calibration Photometer）：构造和原理与环境臭氧分析仪相似，其准确度优于±0.5%，重复性小于 1%，但没有内置去除臭氧的涤气器。因此，提供给校准仪的零空气必须与臭氧发生器所用的零空气为同一来源。该仪器用于校准臭氧的传递标准或环境臭氧分析仪，只适用洁净的经过除湿过滤的校准气体，不适用于测定环境空气。该仪器应每年用臭氧标准参考光度计（SRP）比对或校准 1 次。有的紫外校准光度计内置零气源、臭氧发生器和准确的流量稀释装置。

根据具体的实验室条件，选择下列传递标准之一作为校准环境臭氧分析仪的工作标准。

紫外臭氧分析仪：构造与环境臭氧分析仪相同，但作为臭氧传递标准使用时，不可同时用于测定环境空气。

带配气装置的臭氧发生器：与零气源连接后，能够产生稳定的接近系统上限浓度的臭氧

(0.5μmol/mol 或 1.0μmol/mol)，能够准确控制进入臭氧发生器的零空气的流量，至少可以对发生的初始臭氧浓度进行 4 级稀释，发生的臭氧浓度用紫外校准光度计或经过上一级溯源的紫外臭氧分析仪测量。该仪器用于对环境臭氧分析仪进行多点校准和单点校准。

输出多支管：材质应采用不与臭氧发生化学反应的惰性材料，如硅硼玻璃、聚四氟乙烯等。为保证管线内外的压力相同，管线应有足够的直径和排气口。为防止空气倒流，排气口在不使用时应封闭。

典型的紫外光度计校准系统示意图见图 2-2-6。

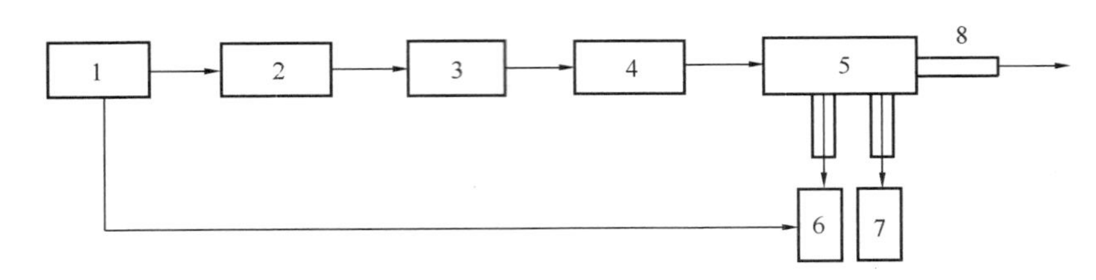

图 2-2-6　典型的紫外光度计校准系统示意图

1—零空气；2—流量控制器；3—流量计；4—臭氧发生器；
5—输出多支管；6—紫外校准光度计仪接口；
7—环境臭氧分析仪标准接口；8—排气口

(6) 分析步骤

① 臭氧分析仪的校准

第一步，用紫外校准光度计校准臭氧发生器类型的传递标准

按图 2-2-6 连接零空气、臭氧发生器和紫外校准光度计，调节进入臭氧发生器的零空气流量使产生不同浓度的臭氧，用紫外校准光度计测量其浓度值。输入到输出多支管的空气流量应超过仪器需要总量的 20%，并适当超过排气口的大气压力。严格按仪器说明书操作各仪器，待仪器充分预热后，运行下列校准步骤：零点调整→跨度调节→多点校准，具体操作如下：

a. 零点调整：引导零空气进入输出多支管，直至获得稳定的响应值（零空气需稳定输出 15min）。必要时，调节臭氧发生器的零点电位器使读数等于零或进行零补偿。记录紫外校准光度计的输出值（I_0）。

b. 跨度调节：调节臭氧发生器，使产生所需要的最高浓度的臭氧（0.5μmol/mol 或 1.0μmol/mol），稳定后，记录紫外校准光度计的输出值（I）。按公式（2-2-35）计算相应的臭氧浓度。必要时，调节臭氧发生器的跨度电位器，使其指示的输出读数接近或等于计算的浓度值。如果跨度调节和零点调节相互关联，则应重复分析步骤中的 a. 至 b. 步，再检查零点和跨度，直至不做任何调节，仪器的响应值均符合要求为止。

使用紫外校准光度计的测量参数，按公式（2-2-35）计算标准状态下（273.15K，101.325kPa）输出多支管中的臭氧浓度：

$$\rho_0 = \frac{101.25}{P} \times \frac{T + 273.15}{273.15} \times \frac{\ln(I/I_0)}{1.44 \times 10^{-5}} \times \frac{1}{d} \tag{2-2-35}$$

式中　ρ_0——换算为标准状态下的臭氧浓度，mg/m^3；

d——一级紫外臭氧校准仪的光程，m；

I/I_0——含臭氧空气的透光率，即样气和零空气的光强度之比；

1.44×10^{-5}——臭氧在 253.7nm 处的吸收系数，$m^2/\mu g$；

P——光度计吸收池压力，kPa；

T——光度计吸收池温度，℃。

有的紫外臭氧校准仪直接输出臭氧的浓度值，可省略上述计算步骤。

c. 多点校准：调节进入臭氧发生器的零空气流量，在仪器的满量程范围内，至少发生 4 个浓度点的臭氧（不包括零浓度点和满量程点），对每个浓度点分别测定、记录并计算其稳定的输出值（ρ_i）。

以紫外校准光度计的输出值对应臭氧浓度的稀释率绘图。按公式（2-2-36）计算多点校准的线性误差：

$$E_i=\frac{\rho_0-\rho_i/R}{A_0}\times100\% \tag{2-2-36}$$

式中　E_i——各浓度点的线性误差，%；

ρ_0——初始臭氧浓度，mg/m^3 或 $\mu mol/mol$；

ρ_i——稀释后测定的臭氧浓度，mg/m^3 或 $\mu mol/mol$；

R——稀释率，等于初始浓度流量除以总流量。

为评估校准的精密度重复该校准步骤，各浓度点的线性误差必须小于±3%，否则，检查流量稀释的准确度。

第二步，用紫外校准光度计校准臭氧分析仪类型的传递标准

按图 2-2-6 连接零空气、臭氧发生器、紫外校准光度计和紫外臭氧分析仪，按与第一步（用紫外校准光度计校准臭氧发生器类型的传递标准）相同的步骤，进行零点调节、跨度调节和多点校准，并分别记录、计算紫外校准光度计的输出值和臭氧分析仪的响应值。以紫外校准光度计的测量值对应臭氧分析仪的响应值，以最小二乘法绘制校准曲线。校准曲线的斜率应在 0.97～1.03 之间，截距应小于满量程的±1%，相关系数应大于 0.999。

第三步，用传递标准校准环境臭氧分析仪

按图 2-2-6 连接零空气、臭氧发生器、环境臭氧分析仪和经过上一级溯源的紫外臭氧分析仪或其他传递标准，按与第一步相同的步骤，进行零点调节、跨度调节和多点校准，并分别记录环境臭氧分析仪的输出值。以传递标准的参考值对应臭氧分析仪的响应值，以最小二乘法绘制校准曲线。校准曲线的斜率应在 0.95～1.05 之间，截距应小于满量程的±1%，相关系数应大于 0.999。

② 环境空气中臭氧的测定

在有温度控制的实验室安装臭氧分析仪，以减少任何温度变化对仪器的影响。按生产厂家的操作说明正确设置各种参数，包括 UV 光源灯的灵敏度、采样流速；激活电子温度和压力补偿功能等；向仪器中导入零空气和样气，检查零点和跨度，用合适的记录装置记录臭氧浓度。

（7）结果计算

大多数臭氧分析仪能够测量吸收池内样品空气的温度和压力，并根据测得的数据，自动将采样状态下臭氧的浓度换算为标准状态下的臭氧浓度。否则，须按公式（2-2-37）计算：

$$c_0=c\times\frac{101.325}{P}\times\frac{T+273.15}{273.15} \tag{2-2-37}$$

式中　c_0——换算为标准状态下的臭氧浓度，mg/m^3；

c——仪器读数，采样温度、压力条件下臭氧的浓度，mg/m^3；

P——光度计吸收池压力，kPa；

T——光度计吸收池温度，℃；

任务小结

1. 靛蓝二磺酸钠的分光光度法要点

靛蓝二磺酸钠的分光光度法测定环境空气中的臭氧时要注意避免对检测结果干扰的产生，采用空气中的二氧化氮会使臭氧的测定结果偏高，约为二氧化氮质量浓度的6%。空气中二氧化硫、硫化氢、过氧乙酰硝酸酯（PAN）和氟化氢的质量浓度分别高于750μg/m^3、110μg/m^3、1800μg/m^{3}和2.5μg/m^{3}时，干扰臭氧的测定。

空气中氯气、二氧化氯的存在使臭氧的测定结果偏高。但在一般情况下，这些气体的浓度很低，不会造成显著误差。

对测定过程中所采用IDS标准溶液要注意，市场上直接销售的IDS不纯，作为标准溶液使用时必须重新进行标定。用溴酸钾-溴化钾标准溶液标定IDS的反应，需要在酸性条件下进行。加入硫酸溶液后反应开始，加入碘化钾后反应即终止。为了避免副反应使反应定量进行，必须严格控制培养箱（或水浴）温度［（16±1)℃］和反应时间［（35±1.0）min］。一定要等到溶液温度与培养箱（或水浴）温度达到平衡时再加入硫酸溶液。加入硫酸溶液后应立即盖塞，并开始计时。滴定过程中应避免阳光照射。

靛蓝二磺酸钠的分光光度法测定环境空气中臭氧为褪色反应，吸收液的体积直接影响测量的准确度，所以装入采样管中吸收液的体积必须准确，最好用移液管加入。采样后向容量瓶中转移吸收液应尽量完全（少量多次冲洗）。装有吸收液的采样管，在运输、保存和取放过程中应防止倾斜或倒置，避免吸收液损失。

2. 紫外光度法要点

采用紫外光度法测定环境空气中臭氧时，为保证检测质量，应注意下列几个方面：

① 零点和跨度检查。环境臭氧分析仪每次运行之前应检查一次零点、跨度和操作参数。在仪器连续运行期间，每两周检查一次零点和跨度（或80%满量程点）。零点漂移不应超过2%，跨度漂移应不超过满量程的±15%，否则，调节分析仪，执行多点校准。

② 传递标准的校准。用于校准环境臭氧分析仪的传递标准，至少每6个月用紫外校准光度计校准1次，各浓度点的线性误差必须小于±3%。否则，检查流量稀释的准确度或重新进行校准。

③ 多点校准。环境臭氧分析仪应每隔6个月运行一次多点校准。各浓度点的线性误差应小于5%，相关系数应大于0.999，截距应小于满量程的±1%。否则，检查流量稀释的准确度或对仪器进行校准。

④ 紫外校准光度计的校准。至少每年用臭氧标准参考光度计（SRP）校准一次。各浓度点的线性误差应小于1%，截距应小于3nmol/mol。否则，检查流量稀释的准确度或对仪器进行修理。

⑤ 更换涤气器。每隔6个月更换一次零气发生装置的涤气器。更换涤气器后，应运行多点校准。

⑥ 流量校准。环境臭氧分析仪的流量控制装置，至少每半年用工作标准（指经国家有关部门传递过的质量流量计、电子皂膜流量计）标定一次，其流量准确度应为标称流量的±10%。

用作臭氧传递标准（带配气装置的臭氧发生器）的流量控制装置，至少每年送国家有关部门进行质量检验和标准传递一次，其流量准确度应为标称流量的±1%。

本方法虽然不受常见气体的干扰，但少数有机物如苯及苯胺等，见表 2-2-13，在 254nm 处吸收紫外光，对臭氧的测定产生正干扰。除此之外，当被测室内空气中颗粒物浓度超过 $100\mu g/m^3$时，也对臭氧的测定产生影响。

表 2-2-13　对紫外臭氧测定仪产生干扰的某些化学物质及其响应值

干扰物质（1μmol/mol）	响应值（以%浓度计）
苯乙烯	20
反式-甲基苯乙烯	>100
苯甲醛	5
邻-甲酚	12
硝基甲酚	100
甲苯	10

课后自测

1. 臭氧的危害有哪些？
2. IDS 是什么的简称，如何配置和保存 IDS 溶液？

项目3　可吸入颗粒物的检测

任务1　PM10的检测

学习提示

PM10的检测方法是本任务的学习重点，掌握撞击式称重法与重量法的检测原理与操作方法。本任务的难点在于完成任务理论部分的学习后，根据所学习的理论指导能够准确进行相应的操作并得出正确的检测结果。

学习过程中应注重与实际相结合的学习方法，任务理论部分建议4个学时完成，实践操作部分建议2个学时完成。

任务概述

本任务的目的是完成对室内环境中可吸入颗粒物PM10的检测。PM10可吸入并沉积在呼吸道中，部分可通过痰液等排出体外，另外也会被鼻腔内部的绒毛阻挡，与这些可吸入颗粒物的接触与多种重大健康问题有关联，如肺病、呼吸道疾病，降低肺功能。并且，PM10可吸入颗粒物也是国家主要城市能见度损害的主要原因。我们应充分认识PM10对室内环境的影响，通过对PM10检测任务的实施，理解撞击式称重法检测PM10的原理，掌握撞击式称重法PM10的检测技能。

相关知识

1. 物质简介

漂浮在空气中的固态和液态颗粒物，其粒径范围约为0.1～100μm的称为TSP（Total Suspended Particle），即总悬浮颗粒物。通常把粒径在10μm以下的颗粒物称为PM10（PM为Particulate Matter缩写），PM10又称可吸入颗粒物或飘尘。可吸入颗粒物的浓度以每立方米空气中可吸入颗粒物的毫克数表示。

2. 人体危害

PM10本身是一种相当复杂的混合物，PM10对人体的危害程度取决于颗粒物的理化性质及其来源。颗粒物成分是主要致病因子，颗粒物的浓度和暴露时间决定了颗粒物的吸入量和对机体的危害程度。PM10能引起重度哮喘甚至严重肺部疾病，尤其对老人和儿童的影响更为严重。

任务解析

1. 执行标准规范

撞击式称重法测PM10根据《室内空气质量标准》（GB/T 18883—2002）规定的检测方

法，室内空气中可吸入颗粒物日平均浓度的限值为0.15mg/m³。

2. 检测方法

PM10的检测方法有撞击式称重法与重量法两种方法。撞击式称重法依据《室内空气中可吸入颗粒物卫生标准》（GB/T 17095—1997）规定方法进行检测，重量法依据《环境空气 PM10和PM2.5的测定　重量法》（HJ 618—2011）规定进行检测。

（1）撞击式称重法测PM10

本方法适用于室内空气PM10的监测和评价，不适用生产性场所的室内环境。

（2）重量法测定PM10

依据国家环境保护标准方法HJ 618—2011。

PM10采样器性能指标：切割粒径为 $D_{a50}=(10\pm0.5)\mu m$；捕集效率的几何标准差为 $\sigma_g=(1.5\pm0.1)\mu m$。其他性能指标要求应符合《环境空气颗粒物（PM10和PM2.5）采样器技术要求及检测方法》（HJ 93—2013）中的规定，符合《环境空气质量手工监测技术规范》（HJ/T 194—2005）中的规定。

适用范围：环境空气中PM10浓度的手工测定。

重量法的检出限为0.010 mg/m³（以感量0.1mg分析天平，样品负载量为1.0 mg，采集108m³空气样品计）。

任务实施

1. 撞击式称重法测PM10

（1）原理

利用二段可吸入颗粒物采样器，以13L/min的流量分别将粒径≥10μm的颗粒采集在冲击板的玻璃纤维纸上，粒径≤10μm的颗粒采集在预先恒重的玻璃纤维滤纸上，取下再称量其重量，以采样标准体积除以粒径10μm颗粒物的量，即得出可吸入颗粒物的浓度。检测下限为0.05mg。

（2）仪器设备

① 可吸入颗粒物采样器：仪器由分级采样器、采样时间控制器、恒流抽气泵和采样支架等部件配套组成 $D_{50}\leqslant(10\pm1)\mu m$，几何标准差 $\sigma_g=(1.5\pm0.1)\mu m$。

② 分析天平：1/10000或1/100000。

③ 皂膜流量计。

④ 秒表。

⑤ 镊子。

⑥ 干燥器。

（3）材料

玻璃纤维纸或合成纤维滤膜。直径50mm，外周直径53mm、内周直径40mm两种。在干燥器中平衡24h，称量到恒重 W_1。

（4）检测步骤

① 流量计校准：采样器在规定流量下，流量应稳定。使用时，用皂膜流量计校准采样系列在采样前后的流量，流量误差应小于5%。

用皂膜流量计校准采样器的流量计，按图2-3-1将流量计、皂膜计及抽气泵连接进行校准。

记录皂膜计两刻度线间的体积（mL）及通过的时间，将体积换算成标准状况下的体积（V_s），以流量计的格数对流量作图。

体积按式（2-3-1）换算成标准状况下的体积（V_s）：

$$V_s = \frac{V_m(P_b - P_v)T_s}{P_s T_m} \tag{2-3-1}$$

式中　V_m——皂膜两刻度线间的体积，mL；

P_b——大气压，kPa；

P_v——皂膜计内水蒸气压，kPa；

P_s——标准状态下压力，kPa；

T_s——标准状态下温度，℃；

T_m——皂膜计温度，K（273＋室温）。

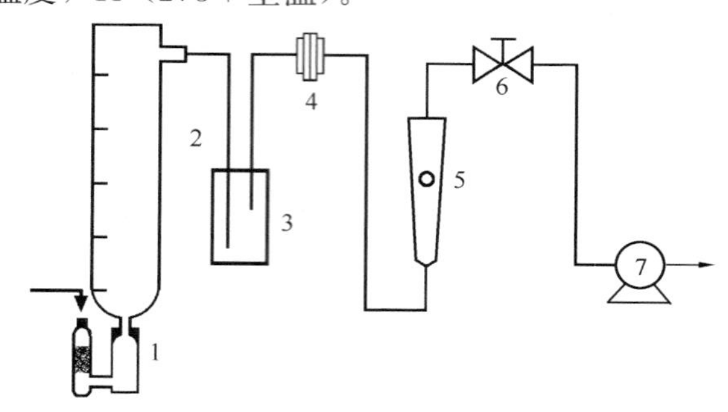

图 2-3-1　流量计的校准连接示意图

1—皂膜液；2—皂膜计；3—安全瓶；4—滤膜夹；

5—转子流量计；6—针形阀；7—抽气泵

② 采样：将校准过流量的采样器入口取下，旋开采样头，将已恒重过的 ϕ50mm 的滤纸安放于冲击环下，同时于冲击环上放置环形滤纸，再将采样头旋紧，装上采样头入口，放于室内有代表性的位置，打开开关旋钮计时，将流量调至 13L/min，采样 24h，记录室内温度、压力及采样时间，注意随时调节流量，使保持 13L/min。

采样后，小心取下采样滤纸，尘面向里对折，放于洁净纸袋中，再放于样品盒内保存待用。

③ 测定：将采完样的滤纸，置于干燥器中，在与采样前相同的环境下放置 24h，称量至恒重 W_2（mg），以此重量减去空白滤纸重（$W_2 - W_1$）得出可吸入颗粒的重量 W（mg）。将滤纸保存好，以备成分分析用。

（5）按式（2-3-2）计算结果

$$C = \frac{W}{V_0} \tag{2-3-2}$$

采样体积 V＝流量（13L/min）×时间（min）

式中　C——可吸入颗粒物浓度，mg/m^3；

W——颗粒物的重量，$W_2 - W_1$，mg；

V_0——V 换算成标准状况下的体积，m^3。

$$V_0 = \frac{V \times T_0 \times P}{P_0 \times T} \tag{2-3-3}$$

式中　T_0——标准状况下的热力学温度，273K；

T——采样现场温度,℃，K（273＋室温）；

P_0——标准状况下的大气压力，101.3kPa；

P——采样现场的大气压力，kPa。

（6）成果记录

撞击式称重法测室内空气中 PM10 的数据记录表，见表 2-3-1。

表 2-3-1　撞击式称重法测室内空气中 PM10 的数据记录表

监测日期：　　　　　　　　　　　　检测压力：

检测温度：　　　　　　　　　　　　计算公式：$C = W / V_0$

项目＼采样器编号	1	2	3	4	5
空白滤纸重（mg）					
采样滤纸重（mg）					
PM10 浓度（mg/m^3）					
平均值					
备注					

填表人：　　　　　　　　校核人：　　　　　　　　审核人：

2. 重量法

（1）原理

通过具有一定切割特性的采样器，以恒速抽取定量体积空气，使环境空气中 PM10 被截留在已知质量的滤膜上，根据采样前后滤膜的重量差和采样体积，计算 PM10 浓度。

（2）仪器设备

① PM10 切割器、采样系统：切割粒径 $D_{a50}=(10\pm0.5)\mu m$；捕集效率的几何标准差为 $\sigma_g=(1.5\pm0.1)\mu m$。

② 采样器孔口流量计或其他符合本标准（HJ 618—2011）技术指标要求的流量计。

大流量流量计：量程 $0.8\sim1.4m^3/min$，误差≤2%；

中流量流量计：量程 60～125L/min，误差≤2%；

小流量流量计：量程＜30L/min，误差≤2%。

③ 滤膜：根据样品采集目的可选用玻璃纤维滤膜、石英滤膜等无机滤膜或聚氯乙烯、聚丙烯、混合纤维素等有机滤膜。滤膜对 0.3μm 标准粒子的截留效率不低于 99%。空白滤膜进行平衡处理至恒重，称量后，放入干燥器中备用。

④ 分析天平：感量 0.1mg 或 0.01mg。

⑤ 恒温恒湿箱（室）：箱（室）内空气温度在 15～30℃ 范围内可调，控温精度±1℃。箱（室）内空气相对湿度应控制在（50±5)%。恒温恒湿箱（室）可连续工作。

⑥ 干燥器：内盛变色硅胶。

（3）样品

① 样品采集

a. 采样频率与采样点的设置。采样时，采样器入口距地面高度不得低于 1.5m。采样不宜在风速大于 8 m/s 等天气条件下进行。采样点应避开污染源及障碍物。如果测定交通枢纽处 PM10 采样点应布置在距人行道边缘外侧 1m 处。采用间断采样方式测定日平均浓度时，其次数不应少于 4 次，累积采样时间不应少于 18h。

b. 放置采样滤膜。采样时，将已称重恒重的滤膜用镊子放入洁净采样夹内的滤网上，滤膜毛面应朝进气方向。将滤膜牢固压紧至不漏气。如果测定任何一次浓度，每次需更换滤膜；如测日平均浓度，样品可采集在一张滤膜上。

② 采样记录

采样结束后，用镊子取出。将有尘面两次对折，放入样品盒或纸袋，并做好采样记录。

③ 滤膜样品的称量

采样后进行恒重滤膜样品的称量。对于 PM10 颗粒物样品滤膜，两次重量之差小于 0.4mg 为满足恒重要求。滤膜采集后，如不能立即称重，应在 4℃ 条件下冷藏保存。

（4）分析检测

将滤膜放在恒温恒湿箱（室）中平衡 24h，平衡条件为：温度取 15～30℃ 中任何一点，相对湿度控制在 45%～55%范围内，记录平衡温度与湿度。在上述平衡条件下，用感量为 0.1mg 的分析天平称量滤膜，记录滤膜重量。同一滤膜在恒温恒湿箱（室）中相同条件下再平衡 1h 后称重。

（5）结果计算与表示

PM10 浓度按式（2-3-4）计算：

$$\rho = \frac{W_2 - W_1}{V_0} \times 1000 \tag{2-3-4}$$

式中　ρ——PM10 浓度，mg/m^3；

W_2——采样后滤膜的重量，g；

W_1——空白滤膜的重量，g；

V_0——已换算成标准状态（101.325kPa，273K）下的采样体积，m^3。

计算结果保留三位有效数字。小数点后数字可保留到第三位。

（6）成果记录

同表 2-3-1 撞击式称重法测室内空气中 PM10 的数据记录表。

任务小结

1. 撞击称量法测 PM10

采用撞击称量法测定 PM10 时，为保证检测准确性，要注意采样前，必须先将流量计进行校准，采样时准确保持 13L/min 流量。在称量空白及采样的滤纸时，环境及操作步骤必须相同。采样时必须将采样器部件旋紧，以免样品空气从旁侧进入采样器，造成错误的结果。

2. 重量法测 PM10

采用重量法测定 PM10 时，要注意以下五个方面的内容：

第一，采样器每次使用前需进行流量校准。

采样器流量校准方法：新购置或维修后的采样器在启用前应进行流量校准，正常使用的采样器每月需进行一次流量校准。传统孔口流量计和智能流量校准器的操作步骤分别如下：

（1）孔口流量计

① 从气压计、温度计分别读取环境大气压和环境温度。

② 将采样器采气流量换算成标准状态下的流量，计算公式如下：

$$Q_n = Q \times \frac{P_1 \times T_n}{P_n \times T_1} \tag{2-3-5}$$

式中　Q_n——标准状态下的采样器流量，m^3/min；

Q——采样器采气流量，m^3/min；

P_1——流量校准时环境大气压力，kPa；

T_n——标准状态下的绝对温度，273K；

T_1——流量校准时环境温度，K；

P_n——标准状态下的大气压力，101.325kPa。

③ 将计算的标准状态下流量 Q_n 代入下式，求出修正项 y：

$$y = b \times Q_n + a \tag{2-3-6}$$

其中，斜率 b 和截距 a 由孔口流量计的标定部门给出。

④ 计算孔口流量计压差值 ΔH（Pa）：

$$\Delta H = \frac{y^2 \times P_n \times T_1}{P_1 \times T_n} \tag{2-3-7}$$

⑤ 打开采样头的采样盖，按正常采样位置，放一张干净的采样滤膜，将大流量孔口流量计的孔口与采样头密封连接。孔口的取压口接好 U 型压差计。

⑥ 接通电源，开启采样器，待工作正常后，调节采样器流量，使孔口流量计压差值达到计算的 ΔH，并填写下面的记录表格。

表 2-3-2　采样器流量校准记录表

校准日期	采样器编号	采样器采气流量 Q	孔口流量计编号	环境温度 T_1（K）	环境大气压 P_1（kPa）	孔口压差计算值 ΔH（Pa）	校准人

注：大流量采样器流量单位为 m^3/min，中、小流量采样器流量单位为 L/min。

（2）智能流量校准器

工作原理：孔口取压嘴处的压力经硅胶管连至校准器取压嘴，传递给微压差传感器。微压差传感器输出压力电信号，经放大处理后由 A/D 转换器将模拟电压转换为数字信号。经单片机计算处理后，显示流量值。

操作步骤：

① 从气压计、温度计分别读取环境大气压和环境温度。

② 将智能孔口流量校准器接好电源，开机后进入设置菜单，输入环境温度和压力值（温度值单位是绝对温度，即温度＝环境温度＋273；大气压值单位为 kPa），确认后退出。

③ 选择合适流量范围的工作模式，距仪器开机超过 2min 后方可进行入测量菜单。

④ 打开采样器的采样盖，按正常采样位置，放一张干净的采样滤膜，将智能流量校准器的孔口与采样头密封连接，待液晶屏右上角出现电池符号后，将仪器的“－”取压嘴和孔口取压嘴相连后，按测量键，液晶屏将显示工况瞬时流量和标况瞬时流量。显示 10 次后结束测量模式，仪器显示此段时间内的平均值。

⑤ 调整采样器流量至设定值。

第一，采用上述两种方法校准流量时，要确保气路密封连接。流量校准后，如发现滤膜上尘的边缘轮廓不清晰或滤膜安装歪斜等情况，表明可能造成漏气，应重新进行校准。校准合格的采样器，即可用于采样，不得再改动调节器状态。

第二，滤膜使用前均需进行检查，不得有针孔或任何缺陷。滤膜称量时要消除静电的影响。取清洁滤膜若干张，在恒温恒湿箱（室），按平衡条件平衡 24h，称重。每张滤膜非连续称量 10 次以上，求每张滤膜的平均值为该张滤膜的原始重量。以上述滤膜作为“标准滤膜”。每次称滤膜的同时，称量两张“标准滤膜”。若标准滤膜称出的重量在原始重量±5mg（大流量），±0.5mg（中流量和小流量）范围内，则认为该批样品滤膜称量合格，数据可用。否则应检查称量条件是否符合要求，并重新称量该批样品滤膜。

第三，要经常检查采样头是否漏气。当滤膜安放正确，采样系统无漏气时，采样后滤膜上颗粒物与四周白边之间界限应清晰，如出现界线模糊时，则表明应更换滤膜密封垫。

第四，对电机有电刷的采样器，应尽可能在电机由于电刷原因停止工作前更换电刷，以免使采样失败。更换时间视以往情况确定。更换电刷后要重新校准流量。新更换电刷的采样器应在负载条件下运转 1h，待电刷与转子的整流子良好接触后，再进行流量校准。

第五，当 PM10 含量很低时，采样时间不能过短。对于感量为 0.1mg 的分析天平，滤膜上颗粒物负载量应分别大于 1mg 以减少称量误差。采样前后，滤膜称量应使用同一台分析天平。

课后自测

1.《室内空气质量标准》（GB/T 18883—2002）中规定，室内空气中可吸入颗粒物日平均浓度的限值为多少？

2. 如何将现场采样体积换算成标准采样体积？

3. 采样器用什么校准计进行校准？怎样校准？

4. 某室内环境经监测，得颗粒物的重量为 0.05mg，已知现场采样温度为 25℃，压力为 90kPa，计算可吸入颗粒物浓度（mg/m^3），并评价该室内环境可吸入颗粒物浓度是否达标合格？

5. 简述 HJ 618—2011 重量法与撞击式称重法测 PM10 的原理与方法步骤。比较两种方法测 PM10 的异同？

任务 2　PM2.5 的检测

学习提示

本任务主要学习重量法与空气质量检测仪测 PM 2.5。重量法检测是本任务的学习重点，理解其检测的原理、掌握检测的方法。了解空气质量检测仪测 PM 2.5，了解其他 PM 2.5检测方法。本任务的难点在于完成任务理论部分的学习后，根据所学习的理论指导能够准确进行相应的操作并得出正确的检测结果。

学习过程中应注重与实际相结合的学习方法，任务理论部分建议 4 个学时完成，实践操作部分建议 2 个学时完成。

任务概述

本任务是学会利用重量法检测空气中可吸入颗粒物 PM 2.5的浓度，掌握其测定原理与方法；学会利用检测仪测量空气环境中可吸入颗粒物 PM 2.5的测定原理与方法。重量法与检测仪测量分别是将 PM 2.5直接截留到滤膜上，然后用天平称其重量来完成可吸入颗粒物 PM 2.5的测定；检测仪测量方法则是用 PM 2.5检测仪来测定的方法。这两种方法简单易行，被广泛应用。

相关知识

1. 物质简介

PM 2.5是悬浮在空气中，空气动力学直径≤2.5μm 的颗粒物（人类纤细头发的直径大约是 50～70μm），PM 2.5又称为可入肺颗粒物，或细颗粒物。

2. 人体危害

PM 2.5对人体健康威胁较 PM10 更大，极易富集于肺部深处，因此又被称作入肺颗粒物。与较粗大的颗粒物相比，富含更大量的有毒有害物质，而且能在大气中停留更长时间，输送距离也更远，对大气环境及人体健康的影响也更大，是导致黑肺、癌症和灰霾天的主要凶手。不同粒径的颗粒物对人体的影响见图 2-3-2。

根据 PM 2.5检测的空气质量新标准，24h 平均值标准值分布见表 2-3-3。

表 2-3-3　24h PM2.5 平均值标准值

空气质量等级	24h PM 2.5平均值标准值（$\mu g/m^3$）
优	0～35
良	35～75
轻度污染	75～150
中度污染	150～200
重度污染	200～300
严重污染	大于 300 及以上

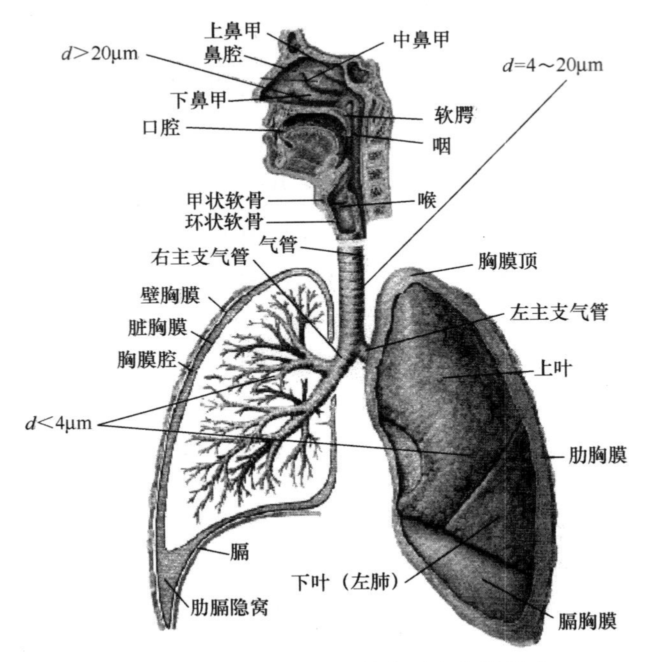

图 2-3-2　不同粒径的颗粒物对人体的影响

任务解析

1. 执行标准规范

《室内空气质量标准》(GB/T 18883—2002)，《环境空气质量标准》(GB 3095—2012)。

2. 检测方法

执行依据《环境空气 PM10 和 PM 2.5的测定　重量法》（HJ 618—2011）中规定的检测方法进行。

（1）重量法

适用于环境空气中 PM 2.5浓度的手工测定。

重量法的检出限为 0.010 mg/m^3（以感量 0.1mg 分析天平，样品负载量为 1.0mg，采集 108m^{3}空气样品计）。将 PM 2.5直接截留到滤膜上，然后用天平称重，测定出 PM 2.5。

（2）PM 2.5空气质量检测仪测定法

本方法是指专用于测量空气中 PM 2.5（可入肺颗粒物）数值的专用检测仪器。适用于公共场所环境、大气环境和室内空气的测定，还可用于空气净化器净化效率的评价分析。PM2.5 空气质量检测仪是指专用于测量空气中 PM2.5（可入肺颗粒物）数值的专用检测仪器。适用于公共场所环境、大气环境和室内空气的测定，还可用于空气净化器净化效率的评价分析，方法简便快速。PM2.5 空气质量检测仪（PM2.5 Air Quality Detector）的检测范围：0～999μg/m^3；PM2.5 分辨率：1μg/m^3。

任务实施

1. 重量法

（1）原理

PM 2.5重量法的测定原理是让其通过具有一定切割特性的采样器，以恒速抽取定量体积空气，使环境空气中的 PM 2.5被截留在已知重量的滤膜上，根据采样前后滤膜的重量差和采样体积，计算出 PM 2.5浓度。

（2）仪器设备

① PM 2.5切割器、采样系统：切割粒径 D_{a50}＝（2.5±0.2）μm；捕集效率的几何标准差为 σ_g＝（1.2±0.1）μm。其他性能和技术指标应符合《环境空气颗粒物（PM10 和 PM 2.5）采样器技术要求及检测方法》（HJ 93—2013）的规定。

② 采样器：符合《环境空气质量手工监测技术规范》（HJ/T 194—2005）的规定。

孔口流量计或其他符合《环境空气 PM10 和 PM2.5 的测定　重量法》（HJ 618）技术指标要求的流量计。

大流量流量计：量程 0.8～1.4m^3/min，误差≤2%；

中流量流量计：量程 60～125L/min，误差≤2%；

小流量流量计：量程＜30L/min，误差≤2%。

③ 分析天平：感量 0.1mg 或 0.01mg。

④ 恒温恒湿箱（室）：箱（室）内空气温度在 15～30℃，范围内可调，控温精度±10℃。箱（室）内空气相对湿度应控制在（50±5）%，恒温恒湿箱（室）可连续工作。

⑤ 干燥器：内盛变色硅胶。

（3）材料

① 滤膜：根据样品采集目的，可选用玻璃纤维滤膜、石英滤膜等无机滤膜或聚氯乙烯、聚丙烯、混合纤维素等有机滤膜。滤膜对 0.3μm 标准粒子的截留效率不低于 99%。空白滤膜进行平衡处理至恒重，称量后，放入干燥器中备用。

② 采集的样品。

（4）检测步骤

① 样品采集：环境空气监测中采样环境及采样频率的要求，按 HJ/T 194—2005 的要求执行。采样时，采样器入口距地面高度不得低于 1.5m，采样不宜在风速大于 8m/s 等天气条件下进行。采样点应避开污染源及障碍物，如果测定交通枢纽处 PM 2.5采样点应布置在距人行道边缘外侧 1m 处。采用间断采样方式测定日平均浓度时，其次数不应少于 4 次，累积采样时间不应少于 18h。采样时，将已称重的滤膜用镊子放入洁净采样夹内的滤网上，滤膜毛面应朝进气方向。将滤膜牢固压紧至不漏气。如果测定任何一次浓度，每次需更换滤膜；如测日平均浓度，样品可采集在一张滤膜上。采样结束后，用镊子取出。将有尘面两次对折，放入样品盒或纸袋，并做好采样记录。

② 进行采样后滤膜样品的处理：采样后滤膜样品的处理与未采样前洁净空白滤膜的处理条件相同，即将滤膜放在恒温恒湿箱（室）中平衡 24h，平衡条件为：温度取 15～30℃中任何一点，相对湿度控制在45%～55%范围内，记录平衡温度与湿度。

③ 称量：在上述平衡条件下，滤膜样品按要求处理过后，即称量其重量。用感量为 0.01mg 的分析天平称量滤膜，记录滤膜重量。同一滤膜在恒温恒湿箱（室）中相同条件下再平衡 1h 后称重。对于 PM 2.5颗粒物样品滤膜，两次重量之差分别＜0.04mg 为满足恒重要求。如不能立即称重，应在 4℃ 条件下冷藏保存。

（5）结果计算与表示

PM 2.5浓度按下式计算：

$$C = \frac{W_1 - W_0}{V_0} \times 1000 \qquad (2\text{-}3\text{-}8)$$

采样体积 V＝流量（L/min）×时间（min）

式中　C——PM2.5 浓度，mg/m^3；

W_1——采样后滤膜的重量，g；

W_0——空白滤膜的重量，g；

V_0——已换算成标准状态（101.325kPa，273K）下的采样体积，m^3。

结果表示，计算结果保留三位有效数字，小数点后数字可保留到第三位。

（6）成果记录（表 2-3-4）

表 2-3-4　重量法测室内空气中 PM 2.5的数据记录表

监测日期：　　　　　　　　　　检测压力：

检测温度：　　　　　　　　　　计算公式：$C= W / V_0$

项目 \ 采样器编号	1	2	3	4	5
空白滤纸重（mg）					
采样滤纸重（mg）					
PM 2.5浓度（mg/m^3）					
平均值					
备注					

填表人：　　　　　　　　校核人：　　　　　　　　审核人：

2. PM 2.5空气质量检测仪测定法

（1）原理

红外光源照射到通过检测位置的颗粒物时会产生光散射，在垂直于光路方向的散射强度与颗粒直径有关，通过计数可以得到实时颗粒物的数量浓度，按照经验换算公式及标定方法得到与国家标准单位统一的质量浓度。

（2）仪器设备应具备的功能

① 实时监测空气中 PM 2.5 颗粒物的浓度。

② 数字化显示，简单直观。

③ 仪器具有数据存储功能，能够将最近 24h 的数据读到计算机中，进行曲线显示。

④ PC 端有专用的软件，能连接到计算机上实时显示及存储 PM 2.5 的动态变化曲线；能够通过蓝牙连接 IOS 系统，实时绘制 PM 2.5 的动态曲线，支持 iPad3、iPhone4S、iPad mini 及后续版本。

（3）检测步骤

① 布置监测点：

a. 选测具有代表性的房间。

b. 设点数量：$50m^2$ 布设 3 个检测点，$100m^2$ 布设 5 个检测点。

c. 采样点的高度：原则上与人的呼吸带高度相一致，相对高度 0.5～1.5m 之间。

d. 采样点应避开通风口，且离墙壁距离应大于 0.5m，避免墙壁干扰。

e. 仪器采样持续时间：在采样开始和终了，仪器的压力和流量有一个变化和平衡的过程，为了保证测量结果的准确性，采样持续时间不能少于检测仪规定时间。

② 仪器数显检测结果。

(4) 结果计算

按检测仪器说明要求进行计算并进行空气质量评价，见表 2-3-5。

表 2-3-5　PM 2.5空气质量检测仪测定的数据记录表

监测日期：　　　　　　　　　　　　　　　　检测压力：

检测温度：

项目 \ 检测点编号	1	2	3	4	5
检测仪测量数显检测结果					
PM 2.5浓度（mg/m^3）					
平均值					
备注及综合评价					

填表人：　　　　　　　　校核人：　　　　　　　　审核人：

任务小结

1. 重量法测 PM 2.5

① 采样器每次使用前需进行流量校准，校准方法按采样器说明规定执行。

② 滤膜使用前均需进行检查，不得有针孔或任何缺陷。滤膜称量时要消除静电的影响。取清洁滤膜若干张，在恒温恒湿箱（室）按平衡条件平衡 24h 称重。每张滤膜非连续称量 10 次以上，求每张滤膜的平均值为该张滤膜的原始重量。以上述滤膜作为“标准滤膜”。每次称滤膜的同时，称量两张“标准滤膜”。若标准滤膜称出的重量在原始重量±5mg（大流量）±0.5mg（中流量和小流量）范围内，则认为该批样品滤膜称量合格，数据可用。否则应检查称量条件是否符合要求并重新称量该批样品滤膜。

③ 要经常检查采样头是否漏气。当滤膜安放正确，采样系统无漏气时，采样后滤膜上颗粒物与四周白边之间界限应清晰，如出现界线模糊时，则表明应更换滤膜密封垫。

④ 对电机有电刷的采样器，应尽可能在电机由于电刷原因停止工作前更换电刷，以免采样失败。更换时间视以往情况确定。

⑤ 更换电刷后要重新校准流量。新更换电刷的采样器应在负载条件下运转 1h，待电刷与转子的整流子良好接触后，再进行流量校准。

⑥ 当 PM 2.5含量很低时，采样时间不能过短。对于感量为 0.1mg 和 0.01mg 的分析天平，滤膜上颗粒物负载量应分别大于 1mg 和 0.1mg 以减少称量误差。采样前后，滤膜称量应使用同一台分析天平。

⑦ 新购置或维修后的采样器在启用前应进行流量校准，正常使用的采样器每月需进行

一次流量校准。采用传统孔口流量计和智能流量校准器进行校准。

2. 空气质量检测仪测 PM 2.5

① 专业质量：国外进口传感器，数据可靠。

② 实时监测：随时随地帮助了解所在的环境，以便采取有效的防护措施。

③ 数值显示：简单直观。

④ 小巧便捷：占用空间少，携带方便。

⑤ 操作简单：使用方便。

⑥ 存储功能：可以存储最近 24 h 数据。

⑦ 数据接口：可以通过 USB 将数据传送到计算机进行曲线显示。

⑧ 动态曲线：连接到计算机后，可以实时显示动态曲线变化。

⑨ 支持苹果系统：能够通过蓝牙连接 IOS 系统，实时绘制 PM 2.5 的动态曲线，支持 iPad3、iPhone4S、iPad mini 及后续版本。

检测可吸入颗粒物 PM 2.5除上述重量法与检测仪检测方法以外，还有 β 射线吸收法与微量振荡天平法。

3. β 射线吸收法与微量振荡天平法的检测方法原理

(1) β 射线法

利用 β 射线衰减的原理，环境空气由采样泵吸入采样管，经过滤膜后排出，颗粒物沉淀在滤膜上，当 β 射线通过沉积着颗粒物的滤膜时，β 射线的能量衰减，通过对衰减量的测定便可计算出颗粒物的浓度。β 射线法颗粒物监测仪由 PM10 采样头、PM 2.5切割器、样品动态加热系统、采样泵和仪器主机组成。流量为 $1m^3/h$ 的环境空气样品经过 PM10 采样头和 PM 2.5切割器后成为符合技术要求的颗粒物样品气体。在样品动态加热系统中，样品气体的相对湿度被调整到 35%以下，样品进入仪器主机后颗粒物被收集在可以自动更换的滤膜上。在仪器中滤膜的两侧分别设置了 β 射线源和 β 射线检测器。随着样品采集的进行，在滤膜上收集的颗粒物越来越多，颗粒物质量也随之增加，此时 β 射线检测器检测到的 β 射线强度会相应地减弱。由于 β 射线检测器的输出信号能直接反应颗粒物的质量变化，仪器通过分析 β 射线检测器的颗粒物质量数值，结合相同时段内采集的样品体积，最终得出采样时段的颗粒物浓度。配置有膜动态测量系统后，仪器能准确测量在这个过程中挥发掉的颗粒物，使最终报告数据得到有效补偿，结果接近于真实值。

例如：β 射线法 PM 2.5监测仪 BAM-1020 美国 METONE 的 BAM-1020 PM2.5 检测仪就采用了 β 射线衰减的原理对粒子进行监测。其已通过了美国环境保护署认证（EPA 的认证，EQPM-0798-122），而且在英国、韩国和我国自动监测和记录 PM10 浓度应用领域中，也获得了相应的证书。BAM-1020 可以通过装备 PM 2.5采样口来自动监测更小的粒子物质，而且可以被设置用来监测总悬浮颗粒物（TSP）。

β 射线测试法 Beta Attenuation 测试原理：

粉尘粒子吸收 β 射线的量与粉尘粒子的质量成正比关系。根据粉尘粒子吸收 β 射线的多少，计测出粉尘的质量浓度（mg/m^3）。此原理不受粉尘粒子大小及颜色的影响。直读、快速测尘仪、操作简便。

利用冲击原理采样。可转动的圆形玻璃冲击板可采集 30 个样品。测量范围：0～$50mg/m^3$。监测仪 BAM-1020 见图 2-3-3。

图 2-3-3　监测仪 BAM-1020

（2）微量振荡天平法

检测原理：TEOM 微量振荡天平法是在质量传感器内使用一个振荡空心锥形管，在其振荡端安装可更换的滤膜，振荡频率取决于锥形管特征和其质量。当采样气流通过滤膜，其中的颗粒物沉积在滤膜上，滤膜的质量变化导致振荡频率的变化，通过振荡频率变化计算出沉积在滤膜上颗粒物的质量，再根据流量、现场环境温度和气压计算出该时段颗粒物标志的质量浓度。微量振荡天平法颗粒物监测仪由 PM10 采样头、PM 2.5切割器、滤膜动态测量系统、采样泵和仪器主机组成。流量为 $1m^3/h$ 环境空气样品经过 PM10 采样头和 PM 2.5切割器后，成为符合技术要求的颗粒物样品气体。样品随后进入配置有滤膜动态测量系统（FDMS）的微量振荡天平法监测仪主机，在主机中测量样品质量的微量振荡天平传感器主要部件是一支一端固定，另一端装有滤膜的空心锥形管，样品气流通过滤膜，颗粒物被收集在滤膜上。在工作时空心锥形管是处于往复振荡的状态，它的振荡频率会随着滤膜上收集的颗粒物的质量变化而发生变化，仪器通过准确测量频率的变化得到采集到的颗粒物质量，然后根据收集这些颗粒物时采集的样品体积计算得出样品的浓度。

课后自测

1. PM 2.5检测的空气质量新标准，24h 平均值标准值轻、中、重度污染的指标是什么？
2. 重量法测 PM 2.5与测 PM10 有哪些异同？
3. 环境空气质量监测 PM 2.5有哪些方法？
4. 比较重量法与 PM 2.5空气质量检测仪测定法各方法的特点及优缺点。
5. 简述现在你所使用的 PM 2.5空气质量检测仪使用方法步骤？
6. 按照仪器规定写出经验换算公式及标定方法并写出 PM 2.5的质量浓度计算公式。
7. 请查找相关资料写出 β 射线吸收法与微量振荡天平法测 PM 2.5和 PM10 的方法步骤。

项目 4　其他污染物的检测

任务 1　菌落总数的检测

学习提示

撞击法测菌落总数的检测是本任务的学习重点，通过撞击法测菌落总数理解撞击式微生物采样器的采样原理，掌握室内空气中菌落总数的检测，学会撞击式空气微生物采样器、高压蒸汽灭菌器、恒温培养箱的使用和操作。本任务的难点在于完成任务理论部分的学习后，根据所学习的理论指导能够准确进行相应的操作并得出正确的检测结果。

学习过程中应注重与实际相结合的学习方法，对菌落总数检测的学习建议 2～4 个学时完成。

任务概述

学习室内环境与检测必须掌握菌落总数的测定，掌握撞击法测室内空气中菌落总数的检测原理和检测方法。

目前，根据检测方法不同，对空气中菌落总数的表示方法有两种，一种是按暴露于空气一定时间的标准平板上产生的细菌菌落数来表示。另一种按每立方米空气中的细菌菌落表示。前者的采样方法为自然沉降法，如使 ϕ9cm 的营养琼脂平板在采样点暴露 5min，经 37℃、48h 培养后计数生长的细菌菌落数的采样测定方法。后者通常是采用撞击式空气微生物采样器采样，通过抽气动力作用，采集空气中的含有微生物的粒子，经 37℃、48h 培养后，计算出每立方米空气中所含的细菌菌落数。

相关知识

1. 物质简介

菌落总数就是指在一定条件下（如需氧情况、营养条件、pH、培养温度和时间等）每克（或每毫升）检样所生长出来的微生物菌落总数。在室内潮湿、结露的地方或受水侵害的地方，环境的相对湿度高达 90％～100％ ，室内的建筑材料和设备，就必然容易孳生细菌和真菌等微生物。

2. 人体危害

室内空气微生物的分类包括：非致病性腐生微生物；来自人体的病原微生物；尘螨；真菌。其危害是：空气传播的病原微生物可引起肺炎、鼻炎、水痘、麻疹和流感、呼吸道、皮肤过敏等疾病；空气中传播的生物性物质会诱发变应性疾病如外源性变应性肺泡炎、变应性鼻炎和哮喘等；另外经常食用被致病微生物群污染的粮食、食品、饮料、水可引起消化道疾病；螨虫是强致敏原，可使人患过敏性鼻炎、过敏性湿疹及过敏性哮喘。

任务解析

1. 执行标准规范

该检测对象及评价现依据国家《室内空气质量标准》（GB/T 18883—2002）执行。

2. 检测方法

依据《环境空气　总悬浮颗粒物的测定　重量法》（GB/T 15432—1995）方法检测。室内空气中细菌总数的限值为 2500 cfu/m³（依据仪器定）。

撞击法检测菌落总数方法的优点：利用采样器采集空气中微生物粒子可以较准确的定量，采样时受周围环境因素影响较小，可采集体各种不同粒子的微生物气溶胶粒子，但缺点是此类仪器比较贵。

适用范围：室内环境的空气质量的测定。

任务实施

1. 撞击法检测菌落总数法

（1）原理

撞击法是采用撞击式空气微生物采样器采样，通过抽气动力作用，使空气通过狭缝或小孔而产生高速气流，使悬浮在空气中的带菌粒子撞击到营养琼脂平板上，在 37℃ 环境下、经 48h 培养后，计算出每立方米空气中所含的细菌菌落数的采样测定方法。

（2）仪器设备

① 撞击式空气微生物采样器采样。

采样器的具体要求：对空气中细菌捕获率达 95%；操作简单，携带方便，性能稳定，便于消毒。

② 其他仪器与设备：高压灭菌箱、干热灭菌器、恒温培养箱、冰箱、平皿（ϕ5cm）、制备培养基用的一般设备：量筒、三角烧瓶，pH 计或精密 pH 试纸等。

（3）材料

营养琼脂培养基。

成分：蛋白质 20g，牛肉浸膏 3g，氯化钠 5g，琼脂 15～20g，蒸馏水 1000mL。

制法：将上述各成分混合，加热溶解，校正 pH 至 7.4，过滤分装，121℃，20min 高压灭菌。

撞击法参照采样器使用说明制备营养琼脂平板。

（4）检测步骤

① 选择有代表性的房间和位置设置采样点。

② 将采样器消毒，按仪器使用说明进行采样。一般情况下采样量为 30～150L，应根据仪器性能室内空气微生物污染程度，酌情增加或减少空气采样量。

③ 样品采完后，将带菌营养琼脂平板置（36±1）℃恒温箱中，培养 48h，计数菌落数。

（5）结果计算

根据采样器的流量和采样时间，换算成每立方米空气中的菌落数，以 cfu/m³ 报告结果。

采样空气中细菌总数按下面公式（2-4-1）计算：

$$c = \frac{N}{Q_S t} \times 1000 (\text{cfu/m}^3) \tag{2-4-1}$$

式中　C——空气中细菌总数，cfu/m^3；

N——平皿细菌数；

Q_S——标准状况下采样流量，L/min；

t——采样时间，min。

（6）成果记录（表 2-4-1）

表 2-4-1　撞击法测定室内空气中菌落总数的数据记录

监测日期：　　　　　　　　　　　　方法依据：

培养温度：　　　　　　　　　　　　计算公式（式 2-4-1）：

分析编号	样品编号	每个平皿菌落数							空气中菌落总数（cfu/m^3）
		0	1	2	3	4	5	平均数	

备注：

填表人：　　　　　　　　　　校核人：　　　　　　　　　　审核人：

任务小结

① 配制平皿实验台使用水平仪提前校正，保证加注培养基后平皿内琼脂厚度均匀，厚度不均匀将影响撞击和旋转。

② 加注平皿培养基必须无菌操作，预防污染。

③ 采样器监测头消毒后，连续监测可不消毒，但更换新监测点时，必须消毒后方可继续工作。

④ 采样位置应避开空气流动大的地方，如敞开的门或窗附近，以防影响实际监测结果。

⑤ 为避免在一些监测环境下培养基表面干燥，影响微生物生长，每个平皿取样时间不可超过 12min，可为 10min。

⑥ 采样后注意无菌操作。

课后自测

1. 对空气中菌落总数的表示方法有几种？
2. 简述撞击法测菌落总数的原理方法。
3. 应采取哪些措施以确保加注后的平皿无污染？
4. 对撞击法空气微生物采样点有何基本要求？
5. 怎样制备培养基？培养基有何作用？

任务 2　氡的检测

学习提示

氡的闪烁瓶检测方法与标准测量方法之一活性炭盒法是本任务的学习重点，掌握这两种检测方法的原理及操作。了解氡的标准测量方法：径迹蚀刻法和双滤膜法各方法的检测原理及操作步骤。本任务的难点在于完成任务理论部分的学习后，根据所学习的理论指导能够完成氡的闪烁瓶检测方法及活性炭盒法的检测操作，并得出正确的检测结果。

学习过程中应注重与实际相结合的学习方法，任务理论部分建议 4～6 个学时完成，实践操作部分建议 4 学时完成。

任务概述

氡的测定方法主要有：闪烁瓶法测量方法和标准测量方法。本任务我们主要掌握闪烁瓶测量方法及氡的标准测量方法。标准测量方法主要掌握除气球法（唯一能测氡子体的方法，较双滤膜法准确灵敏度高，是一种主动快速的测氡方法）之外的其中三种方法，即活性炭盒法、径迹蚀刻法、双滤膜法。选择测定方法取决于测量的目的和被测现场情况。

相关知识

1. 物质简介

氡是放射性核素。放射性的定义：不稳定的原子核自发地放出 α、β、γ 射线，或中子、原子射线的现象，称为放射性。放射性活度（s^{-1}）单位的专门名称为贝可，用符号 Bq 表示，$1Bq=1s^{-1}$。我们通常所说的氡仅指^{222}Rn，^{222}Rn 的半衰期为 3.82 天，衰变的过程中产生一系列新的放射性元素，并释放出 α、β、γ 射线，习惯上将这些新生的放射性核素称为氡子体。氡浓度的定义：实际测量的单位体积（m^3），单位时间（s），空气内氡的衰变数，记作 Bq/m^3。

2. 人体危害

氡的来源复杂，如房屋的岩石土壤、建筑石材、生活饮用水、天然气、室外空气等，受各种环境和人为因素的影响。吸入氡子体对人体产生危害的实际是氡的短寿命子体。它是肺的强致癌物，严重危害人的生命健康。

室内空气质量标准规定：

室内空气中氡浓度行动水平的年平均浓度为 $400Bq/m^3$。行动水平（指年平均值）的定义：达到此水平建议采取干预行动以降低室内氡浓度，可以理解为室内氡浓度达到行动水平值，并不是该居室不能居住，而是在防护专家的指导下，采取简单干预行动，以达到降低氡浓度的目的。氡浓度用 1 次或短时间的测量值，不能反映室内氡浓度的真实情况，在评价室内氡浓度时应以能代表年平均值的检测数据为准。对已建住房，年平均值不超过 200～$400Bq/m^3$（行动水平）。对新建住房，年平均值不超过 $100Bq/m^3$。《民用建筑工程室内环境污染控制规范》（GB 50325—2010，2013 年版）空气质量标准还规定：Ⅰ类民用建筑工程 $Bq/m^3 \leqslant 200$；Ⅱ类民用建筑工程 $Bq/m^3 \leqslant 400$。

任务解析

1. 执行标准规范

闪烁瓶法测氡及氡的标准测量方法依据《住房内氡浓度控制标准》（GB/T 16146—1995）、《地下建筑氡及子体控制标准》（GB 16356—1996）和《室内空气质量标准》（GB/T 18883—2002）规范。

2. 检测方法

闪烁瓶法测氡根据《空气中氡浓度的闪烁瓶测量方法》（GB/T 16147—1995）、《空气中氡浓度的闪烁瓶测定方法》（GBZ/T 155—2002）执行。氡的标准测量方法根据《环境空气中氡的标准测量方法》（GB/T 14582—1993）执行。

（1）闪烁瓶法

方法概要：按规定的程序将待测点的空气吸入已经抽成真空的闪烁瓶内，闪烁瓶密封避光 3h，待氡及其短命子体平衡后测量 ^{222}Rn、^{218}Po 和 ^{214}Po 衰变时放射出的 α 粒子。它们入射到闪烁瓶的 ZnS（Ag）涂层，使 ZnS（Ag）发光，经过光电倍增和收集并转化成电脉冲，通过脉冲放大、甄别，被定标计数线路记录。在确定时间内电脉冲数与氡浓度成正比。

适用范围：室内外及地下场所等空气中氡浓度的测定。

（2）氡的标准测量方法

该方法包括测量环境空气中氡及其子体的四种测定方法，即活性炭盒法、径迹蚀刻法、双滤膜法和气球法。对氡的标准测量方法，本书主要介绍前三种方法。

适用范围：室内外空气中 ^{222}Rn 及其子体 α 潜能浓度的测定。

任务实施

1. 闪烁瓶法

（1）原理

闪烁瓶法氡是利用压差将空气引入闪烁室，氡和衰变产物发射的 α 粒子使闪烁室内壁上的 ZnS（Ag）晶体产生闪光，由光电倍增管把这种光讯号转变为电脉冲，经电子学测量单元后放大记录下来，储存于连续探测器的记忆装置。单位时间内的电脉冲数与氡浓度成正比，因此可以确定被采集气体中氡的浓度，这是一种瞬时测量法。

（2）仪器设备

仪器设备的准备：典型的测量装置由探头（闪烁瓶、光电倍增管和前置单元电路组成），高压电源和电子学分析记录单元组成。探头由闪烁瓶、光电倍增管和前置放大单元组成。结构见图 2-4-1。

① 闪烁瓶：内壁均匀涂以 ZnS（Ag）涂层。

② 探测器：由光电倍增管和前置放大器组成。光电倍增管必须选择低噪声、高放大倍数的光电倍增管，工作电压低于 1000V。前置单元电路应是深反馈放大器，输出脉冲幅度为 0.1～10V。

③ 高压电源：输出电压应在 0～3000V 范围连续可调，波纹电压不大于 0.1%，电流不小于 100mA。

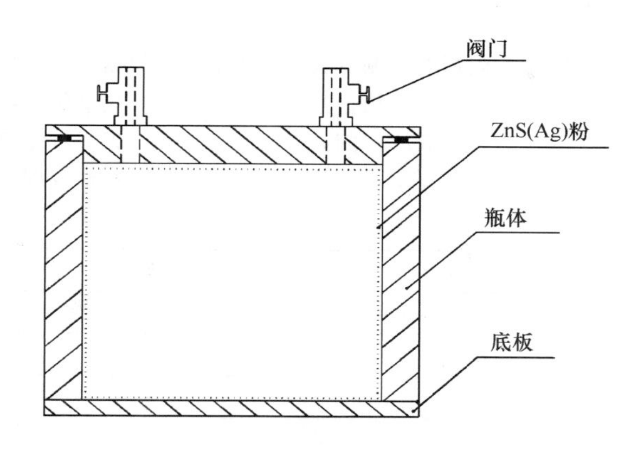

图 2-4-1　FD-216 环境氡闪烁瓶简图

④ 记录和数据处理系统：由定标器和打印机组成，也可接 X-Y 绘图仪。

（3）检测步骤

① 采样：

a. 采样点的确定：采样点必须有代表性，室内、室外、地下场所，空气中氡的浓度分布是不均匀的。采样点要代表待测空间的最佳取样点。采样条件必须规范化，采样条件必须考虑地面、地域、气象、居住环境、人群特征等，条件的规范化取决于采样的目的。采样点要记录好采样器的编号、采样时间、采样地点的位置。

b. 采样：将抽成真空的闪烁瓶带到待测点，打开阀门约 10s 后，关闭阀门，带回实验室待测。记录采样时间、气压、温度、湿度等。

② 测量：

a. 稳定性和本底测量：在测定的条件下，进行本底稳定性测量和本底测量，得出本底分布图和本底值。

b. 样品测量：将已经采样的闪烁瓶避光保存 3 h，在规定的测量条件下进行计数测量。根据测量精度的要求，选择适当的测量时间。

③ 清洗闪烁瓶：测量完毕，用无氡气的气体清洗闪烁瓶，保持本底状态。

（4）测量结果

按式（2-4-2）计算：

$$c_{Rn}=\frac{K_s(n_c-n_b)}{V(1-e^{\lambda t})} \tag{2-4-2}$$

式中　c_{Rn}——氡浓度，Bq/m^3；

K_s——刻度因子，Bq/cpm；

n_c，n_b——分别表示样品和本底的计数率，次/min；

V——采样体积，m^3；

λ——^{222}Rn 的衰变常数，0.1813，h^{-1}；

t——样品封存时间，h。

（5）成果记录（表 2-4-2）

表 2-4-2　闪烁瓶法测定室内空气中氡的数据记录

样品名称：　　方法依据：　　仪器编号：

仪器型号：　　采样时间：　　采样点位置：

温度：　　压力：　　分析日期：

计算公式（式 2-4-2）：

样品测定次数	1	2	3	平均值
样品的计数率 n_c（cpm）				
本底的计数率 n_b（cpm）				
刻度系数的体积 V（m^3）				
样品封存的时间 t（d）				
^{222}Rn 的浓度（Bq/m^3）				

填表人：　　校核人：　　审核人：

2. 活性炭盒法

（1）原理

活性炭盒法测氡是标准测定方法之一，是被动式累计采样，能测量出采样期间内平均氡浓度。采样周期 2～7d，然后用 γ 射线能谱仪测量。

活性炭盒法是采样盒用塑料或金属制成，内装活性炭。盒的敞开面用滤膜封住，固定活性炭且允许氡进入采样器。空气扩散进炭床内，其中的氡被活性炭吸收附，同时衰变，新生的子体便沉积在活性炭内。用 γ 能谱仪测量活性炭盒的氡子体特征 γ 射线峰（或峰群）强度。根据特征峰面积可计算出氡浓度。

（2）设备或材料

① 活性炭：椰壳炭 8～16 目。

② 采样盒，见图 2-4-2。

③ 天平：感量 0.1mg，量程 200g。

④ 烘箱。

⑤ γ 能谱仪 NaI（TI）或半导体探头配多道脉冲分析仪。

⑥ 滤膜。

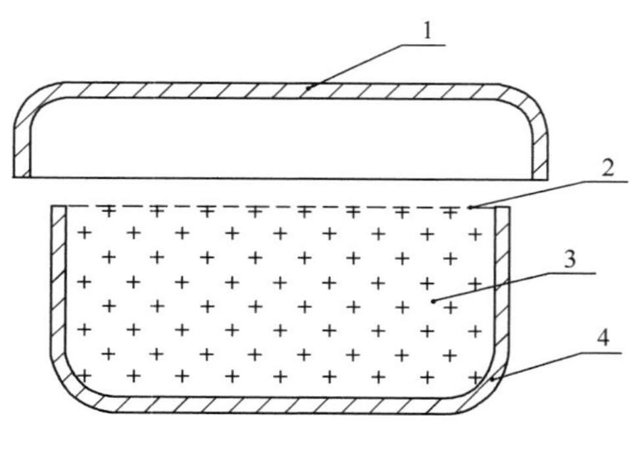

图 2-4-2　活性炭盒结构图

1—密封盖；2—滤膜；3—活性炭；4—炭盒

（3）检测步骤

① 样品制备：

a. 将选定的活性炭放入烘箱内，在 1200℃ 烘烤 5～6h，存入磨口瓶中待用。

b. 装样。称取一定量烘烤后的活性炭装入采样盒中，并盖以滤膜。

c. 再称量采样盒的总质量。

d. 把活性炭盒密封起来，隔绝外面空气。

② 布放：

a. 在待测现场去掉密封包装，放置 3～7d。

b. 把活性炭盒放置在采样点上，其采样条件要满足要求。

c. 活性炭盒放置在距地面 50cm 以上的桌子或架子上，敞开面朝上，其上面 20cm 内不得有其他物质。

③ 采样的回收：采样终止时，把活性炭盒再密封起来，迅速送回实验室。

④ 记录：采样期间应记录。

⑤ 测量：

a. 采样停止 3h 后测量。

b. 再称量，以计算水分吸收量。

c. 把活性炭盒在 γ 能谱仪上计数，测出氡子体特征 γ 射线峰（或峰群）面积，测量几何条件与刻度时要一致。

（4）氡浓度结果

按式（2-4-3）计算：

$$c_{Rn}=\frac{a\ n_r}{K_w t_1^{-b} e^{-\lambda_{Rn} t_2}} \tag{2-4-3}$$

式中　c_{Rn}——氡浓度，Bq/m^3；

a——采样 1h 的响应系数，Bq/m^3/计数/min；

n_r——特征峰（峰群）对应的净计数率，cpm；

K_w——吸收水分校正系数；

t_1——采样时间，h；

b——累积指数，为 0.49；

λ_{Rn}——氡衰变常数，7.55×10^{-3}/h；

t_2——采样时间终点至测量开始的时间间隔，h。

以上计算可由分析软件完成，在软件中，存入本底样品谱和标准样品谱后，输入采样开始和采样结束的时间，样品盒吸水量等参数后，点击软件中的“计算氡气浓度”进行计算。

（5）成果记录（表 2-4-3）

表 2-4-3　活性炭盒法测定室内空气中氡的数据记录

检验依据		GB/T 14582—1993；GB 50325—2010，2013 年版				封闭时间		
主要仪器设备型号								
检测日期				本底盒号		标准样品氡浓度（证书号：）		
序号	检测位置	样品盒编号	采样前样品盒质量（g）	采样后样品盒质量（g）	采样起始时（m，d，h，min）	采样结束时间（m，d，h，min）	氡浓度（Bq/m^3）	备注

填表人：　　　　校核人：　　　　审核人：

3. 径迹蚀刻法

（1）原理

径迹蚀刻法是标准测定方法之一，径迹蚀刻法是被动式采样，能测量采样期间内氡的累积浓度。氡及其子体发射的α粒子轰击探测器（径迹片）时，使其产生亚微观型损伤径迹。将此探测器在一定条件下进行化学或电化学蚀刻，扩大损伤径迹，以致能用显微镜或自动计数装置进行计数。单位面积上的径迹数与氡浓度和暴露时间的乘积成正比。用刻度系数可将径迹密度换算成氡浓度。径迹蚀刻法采样器结构见图2-4-3。

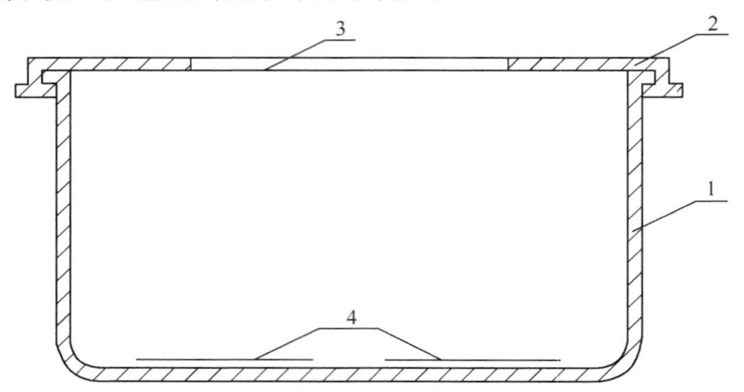

图2-4-3　径迹蚀刻法采样器结构图

1—采样盒；2—压盖；3—滤膜；4—探测器

（2）设备与材料

① 探测器：聚碳酸酯膜、CR-39（简称片子）。

② 采样盒：塑料制成，ϕ60mm，H30mm。

③ 蚀刻槽：塑料制成。

④ 音频高压振荡电源：频率0～10kHz，电压0～1.5kV。

⑤ 恒温器：0～100℃，误差±0.5℃。

⑥ 切片机。

⑦ 测厚仪：能测出微米级厚度。

⑧ 滤膜、计时钟及平头镊子。

⑨ 注射器：10mL、30mL两种及烧杯50mL。

⑩ 化学试剂：分析纯氢氧化钾、无水乙醇。

（3）检测步骤

① 完成聚碳酸酯片操作程序。

a. 样品制备：

切片。用切片机把聚碳酸酯膜切成一定形状的片子，一般为圆形，也可为方形。

测厚。用测厚仪测出每张片子的厚度，偏离标准称值10%的片子应淘汰。

装样。用不干胶把3个片子固定在采样盒的底部，盒口用滤膜覆盖。

密封。把装好的采样器密封起来，隔绝外部的空气。

b. 布放（在密闭条件下，不可使用空调，布放时间不少于30d）：

在测量现场去掉密封包装。

将采样器布放在测量现场，其采样条件符合要求。

室内测量。采样器可悬挂起来，也可放在其他物体上，其开口面上方 20cm 内不得有其他物体。

c. 采样器的回收：采样终止时，取下采样器再密封起来，送回实验室。

d. 记录：记录采样时间。

e. 配制蚀刻液及进行化学蚀刻和电化学蚀刻。

配制蚀刻液：

氢氧化钾溶液配制：取分析纯氢氧化钾 80g 溶于 250g 蒸馏水中，配成浓度为 16%（质量分数）的溶液。

化学蚀刻液：氢氧化钾溶液与乙醇体积比 1∶2。

电化学蚀刻液：氢氧化钾溶液与乙醇体积比 1∶0.36。

化学蚀刻：

抽取 10mL 化学蚀刻液加入烧杯中，取下探测器置于烧杯内，烧杯要编号。

将烧杯放入恒温器内，在 60℃下放置 30min。

化学蚀刻结束，用清水洗片子，晾干。

电化学蚀刻：

测出化学蚀刻后的片子厚度，将厚度相近的分在一组。

将片子固定在蚀刻槽中，每个槽中注满电化学蚀刻液，插上电极。

将蚀刻槽置于恒温器中，加上电压，以 20kV/cm 计（如片厚 200μm，则为 400V），频率 1kHz，在 60℃下放置 2h。

2h 后取下片子，用清水洗片子，晾干。

f. 计数与计算。

计数：将处理好的片子用显微镜读出单位面积上的径迹数。

计算：按式（2-4-4）计算氡浓度：

$$c_{\mathrm{Rn}} = \frac{n_{\mathrm{Rn}}}{TF_{\mathrm{R}}} \tag{2-4-4}$$

式中　c_{Rn}——氡浓度，Bq/m^3；

n_{Rn}——净径迹密度，1/cm^2；

T——暴露时间，h；

F_{R}——刻度系数，m^3/（Bq·h·cm^2）。

② 完成 CR-39 片操作程序。

a. 样品制备。

切片：用切片机将 CR-39 片切成一定尺寸的圆形或方形片子。

装样：用不干胶把 3 个片子固定在采样盒的底部，盒口用滤膜覆盖。

密封：把装好的采样器密封起来，隔绝外部空气。

b. 布放：同聚碳酸酯片操作。

c. 采样器的回收：同聚碳酸酯片操作。

d. 记录：同聚碳酸酯片操作。

e. 蚀刻。

蚀刻液配制：

用化学纯氢氧化钾配制成浓度为 6.5mol/L 的蚀刻液。

化学蚀刻：

抽取 20mL 蚀刻液加入烧杯中，取下片子置于烧杯内，烧杯需编号。

将杯放入恒温器内，在 70℃下放置 10h。

化学蚀刻结束，用水清洗片子，晾干。

f. 计数和计算：同聚碳酸酯片操作。

4. 双滤膜法

（1）原理

双滤膜法是主动式采样，能测量采样瞬间的氡浓度，探测下限为 3.3Bq/m^3。抽气泵开动后含氡气经过滤膜进入衰变筒，被滤掉子体的纯氡在通过衰变筒的过程中又生成新子体，新子体的一部分为出口滤膜所收集。测量出口滤膜上的 α 放射性就可换算出氡浓度。双滤膜法采样系统组成见图 2-4-4。

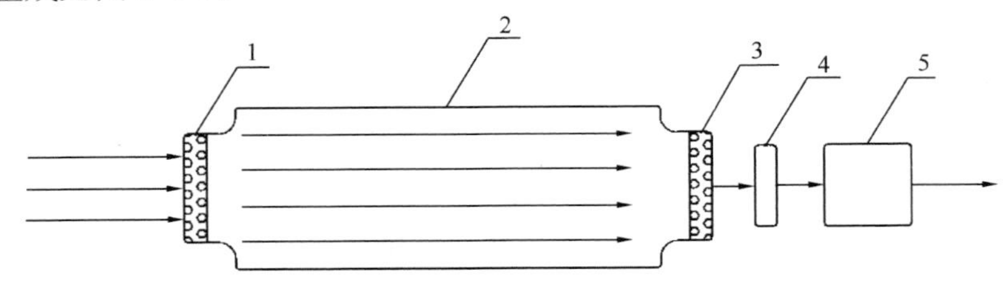

图 2-4-4　双滤膜法采样系统示意图

1—入口膜；2—衰变筒；3—出口膜；4—流量计；5—抽气泵

（2）设备与材料

① 衰变筒 14.8L。

② 流量计量计：量程为 80 L/min 的转子流量计。

③ 抽气泵。

④ α 测量仪：要对 RaA、RaC 的 α 粒子有相近的计数效率。

⑤ 子体过滤器。

⑥ 采样夹：能够夹持 ϕ60 的滤膜。

⑦ 秒表。

⑧ 纤维滤膜。

⑨ α 参考源 ^{241}Am 或 ^{239}Pu。

⑩ 镊子。

（3）检测步骤

① 测量前的检查。

a. 采样系统检查：

抽气泵运转是否正常，能否达到规定的采样流速。

流量计工作是否正常。

采样系统有无泄漏。

b. 计数设备检查：

计数秒表工作是否正常。

α 测量仪计数效率和本底有无变化。

检查测量仪稳定性，对 α 源进行 1 次/min 的 10 次测量，对结果进行 χ^2 检查，若工作状态不正常，要查明原因，加以处理。

χ^2 检验（卡方检验）：用以检验多个率（或构成比）之间差异是否具有显著性，也适合于两组比较。

基本原理是假设各个样本来自同一属性的总体，各组中实际数之间的差别仅仅由于抽样误差造成的；通过分别计算各组实际数与理论数的离散情况，求得总的误差 χ^2 值，从而测定假设存在的概率，即可能性 P，如果假设成立，那么 χ^2 值就不会很大，而保持在一定范围内，相应的 P 值就大于 5%（$P>0.05$），即仅仅由于抽样误差而造成样本之间这么大小差别的可能性大于 5%，说明各样本间的差别本质上无明显差异，它们来之于同一属性的总体，假设被肯定。反过来说，如果推算出的 χ^2 值很大，而超出了一定范围，相应的 P 值就小于 5%或 1%，即由于抽样误差造成样本之间如此大的差别的可能性小于 5%或 1%；说明各组间差别不是由于抽样造成的，可能两者的确有差别，它们不是来自于同一属性的总体，假设被否定。

② 布点（室内测量其采样测量应满足下列要求）：

a. 布点原则与采样条件要满足要求。

b. 进气口距离地面约 1.5m，且与出口高度差要大于 50cm，并在不同方向上。

③ 记录：采样期间应记录。

④ 测量程序：

a. 装好滤膜，按双滤膜法采样系统示意图（2-4-4）把采样设备连接起来。

b. 以流速 q（L/min）采样 t（min）。

c. 在采样结束后 $T_1 \sim T_2$ 时间间隔内测量出口膜上的 α 放射性。

（4）按式（2-4-5）计算氡的浓度

$$c_{\mathrm{Rn}} = K_{\mathrm{t}} \times N_{\alpha} = \frac{16.65 N_{\alpha}}{V \times E \times \eta \times \beta \times Z \times F_{\mathrm{f}}} \qquad (2\text{-}4\text{-}5)$$

式中　c_{Rn}——氡的浓度，Bq/m^3；

K_{t}——总刻度系数，Bq/m^3，计数；

N_{α}——$T_1 \sim T_2$ 时间间隔的净 α 计数，计数；

V——衰变筒容积，L；

E——计数效率，%；

η——滤膜过滤效率，%；

β——滤膜对 α 粒子的自吸收因子，%；

Z——与 t、$T_1 \sim T_2$ 有关的常数；

F_{f}——新生子体到达出口滤膜的份额，%。

任务小结

1. 闪烁瓶法测氡操作过程中的注意事项

① 结果的误差主要是源误差。

② 刻度误差。

③ 取样误差和测量误差。

④ 计数统计误差是主要的。

⑤ 在测量室外空气氡浓度时，按确定的测量程序，报告要列出测量值和计数统计误差。

2. 活性炭盒法测氡操作过程中的注意事项

① 采样条件要注意控制，以保证测量数据的稳定性和重复性。

② NaI γ 能谱仪的探头对温度很敏感，一般仪器应放置在温度恒定（温度波动不超过±20℃）房间内。

③ 对 γ 能谱仪进行刻度需要采用有证标准源，并用标准样品进行质量控制。

④ 由于一般分析软件均已做了不同湿度的修正，因此在实际操作中不需另外再做湿度修正。

3. 径迹蚀刻法测氡操作过程中的注意事项

（1）刻度

① 把制备好的采样器置于氡室内，暴露一定时间，用规定的蚀刻程序处理探测器，用式（2-4-6）计算刻度系数 F_{R}：

$$F_{\mathrm{R}} = \frac{n_{\mathrm{Rn}}}{Tc_{\mathrm{Rn}}} \tag{2-4-6}$$

式中 F_{R}——刻度系数，$m^3/(Bq \cdot h \cdot cm^2)$。

n_{Rn}——净径迹密度，$1/cm^2$；

c_{Rn}——氡浓度，Bq/m^3；

T——暴露时间，h。

② 刻度时应满足下列条件：

氡室内氡及其子体浓度不随时间而变。

氡室内氡水平可为调查场所的 10～30 倍，但至少要做两个水平的刻度。

每个浓度水平至少放置 4 个采样器。

暴露时间要足够长，保证采样器内外氡的浓度平衡。

每一批探测器都必须刻度。

（2）采平行样

要在选定的场所内平行放置 2 个采样器，平行采样，数量不低于放置总数的 10%，对平行采样器进行同样的处理，分析。由平行样得到的变异系数应小于 20%，若大于 20%，应找出处理程序中的差错。

（3）留空白样

在制备样品时，取出一部分探测器作为空白样品，其数量不低于使用总数的 5%。空白探测器除不暴露于采样点外，与现场探测器进行同样处理，空白样品的结果即为该探测器的本底值。

4. 双滤膜法测氡的质量保证

（1）刻度

每年用标准氡室对测量装置刻度几次，得到总的刻度系数。

（2）平行测量

用另一种方法与本方法进行平行采样测量。用成对数据 t 检验方法来检查两种方法结果的差异，若 t 超过临界值，应查原因。平行采样数不低于样品数的 10%。

（3）操作注意事项

① 入口滤膜至少要三层，全部滤掉氡子体。

② 采样头尺寸要一致，保证滤膜表面与探测器之间的距离为 2mm 左右。

③ 严格控制操作时间，不得出任何差错，否则样品作废。

④ 若相对湿度低于 20%时，要进行湿度校正。

⑤ 采样条件要与流量计刻度条件相一致。

课后自测

1. 氡的测定有哪些主要方法？

2. 闪烁瓶测氡根据是什么？

3. 查找相关资料说明测氡的刻度源？画出刻度装置图。

4. 空气中氡浓度的闪烁瓶测定方法中，对刻度装置有何要求？真空度变化为何小于 2×102Pa？

5. 典型装置刻度曲线在双对数坐标纸上是一条直线，公式为 $\lg Y = a\lg X + b$，即 $Y = e^b X^a$，说明公式中各符号代表的含义及单位。

6. 活性炭盒法测氡的检测原理？计算公式？

7. 样品检测时氡子体特征 γ 射线峰（或峰群）应如何选择？

8. 怎样测定探测器的本底值？

9. 氡的检测标准方法有哪些方法？

10. 活性炭盒采样，然后用 γ 能谱仪检测的方法与测氡仪用的瞬时法各自的优缺点？

11. 径迹蚀刻法测氡的浓度原理及计算公式？

12. 比较径迹蚀刻法与活性炭盒法测氡的特点与优缺点。

13. 简述 CR-39 片操作程序中布放的操作过程。

14. 双滤膜法测氡的浓度的浓度原理及计算公式？

15. 简述双滤膜法测氡浓度的程序。

16. 简述双滤膜法测氡室内采样布点的要求，并通过查找相关资料说明室外采样布点的要求。

17. 提高双滤膜法测氡浓度的准确度的方法有哪些？

18. 如何进行室内测氡的环境评价？

附录 A

室内环境空气质量检测方案

（执行标准《民用建筑工程室内环境污染控制规范》
GB 50325—2010，2013 年版）

编制：

审核：

批准：

二○××年×月

目　　录

1. 检测目的

云南锐索建设工程质量检测有限公司提供室内环境空气质量检测技术方案，根据规范要求采用酚试剂分光光度法对甲醛进行检测，采用靛酚蓝分光光度法对氨进行检测，采用气相色谱法对苯和TVOC进行检测，用测氡仪对氡进行检测，确定空气中的甲醛、氨、苯、TVOC、氡是否满足规范的要求。

2. 检测依据

《民用建筑工程室内环境污染控制规范》(GB 50325—2010，2013年版)。《公共场所卫生检验方法　第2部分：化学污染物》(GB/T 18204.2—2014)。

3. 仪器设备的投入

序号	仪器名称	数量	用途	备注
1	BS-H2恒流大气采样仪	4台	甲醛、氨、苯、TVOC现场检测	
2	GC126型气相色谱仪	1台	实验室TVOC的分析	
3	GC112A型气相色谱仪	1台	实验室苯的分析	
4	7230G可见分光光度计	1台	实验室甲醛、氨的分析	
5	环境测氡仪RAD7	1台	现场氡的检测	
6	HD-D型热解析仪	1台	实验室TVOC的分析	
7	Auto TDS-I热解析仪	1台	实验室苯的分析	

4. 室内环境污染物浓度检测要求

室内环境检测，应符合下列要求：

4.1　民用建筑工程及室内装修工程的室内环境质量验收，应在工程完工至少7d以后、工程交付使用前进行。

4.2　民用建筑工程验收时，采用集中中央空调的工程，应进行室内新风量的检测，检测结果应符合设计要求和现行国家标准《公共建筑节能设计标准》(GB 50189—2005)的有关规定。

4.3　民用建筑工程室内空气中氡的检测，所选用方法的测量结果不确定度不应大于25%，方法的探测下限不应大于10Bq/m^3。

4.4　民用建筑工程室内空气中甲醛检测，也可采用简便取样仪器检测方法，甲醛简便取样仪器应定期进行校准，测量结果在0.01～0.60mg/m^{3}测定范围内的不确定度应小于20%。当发生争议时，应以现行国家标准《公共场所卫生检验方法　第2部分：化学污染物》(GB/T 18204.2—2014)中酚试剂分光光度法的测定结果为准。

4.5　民用建筑工程室内空气中氨的检测方法，应符合现行国家标准《公共场所卫生检验方法　第2部分：化学污染物》(GB/T 18204.2—2014)中靛酚蓝分光光度计的规定。

4.6　民用建筑工程验收时，应抽检有代表性的房间室内环境污染物浓度，抽检数量不得少于5%，每个建筑单体不得少于3间；房间总数少于3间时，应全数检测；

4.7　民用建筑工程验收时，室内环境污染物浓度检测点应按房间面积设置：

房间使用面积(m^2)	检测点数(个)
<50	1
≥50，<100	2

续表

房间使用面积（m^2）	检测点数（个）
≥100，<500	不少于 3
≥500，<1000	不少于 5
≥1000，<3000	不少于 6
≥3000	每 1000m^2 不少于 3

4.8 当房间内有 2 个及以上检测点时，应采用对角线、斜线、梅花状的均衡布点，并取各点检测结果的平均值作为该房间的检测值。

4.9 民用建筑工程验收时，环境污染物浓度现场检测点应距墙面不小于 0.5m、距楼地面高度 0.8～1.5m。检测点应均匀分布，避开通风道和通风口。

4.10 民用建筑工程室内环境中甲醛、苯、氨、总挥发性有机物（TVOC）浓度检测时，对采用集中空调的民用建筑工程，应在空调正常运转的条件下进行；对采用自然通风的民用工程，检测应在对外门窗关闭 1h 后进行。对甲醛、氨、苯、TVOC 取样检测时，装饰装修工程中完成的固定式家具，应保持正常使用状态。

5. 现场采样

当房间内有 2 个及以上检测点时，应采用对角线、斜线、梅花状的均衡布点，并取各点检测结果的平均值作为该房间的检测值。

民用建筑工程验收时，环境污染物浓度现场检测电应距内墙面不小于 0.5m、距楼地面高度 0.8～1.5m。对采用集中空调的民用建筑工程，应在空调正常运转的条件下进行；对采用自然通风的民用建筑工程，检测应对门窗关闭 1h 后进行。对甲醛、氨、苯、TVOC 取样检测时，装饰装修工程中完成的固定式家具，应保持正常使用状态，采样时应避开通风道和通风口。

5.1 甲醛的现场采样

大型气泡吸收管，溶液 5mL，采样流量 500mL/min，采气 10 L，采样时间 20min，并记录采样点的温度和大气压。采样后样品在 24h 内分析。

5.2 氨的现场采样

大型气泡吸收管，溶液 10mL，采样流量 500mL/min，采气 5L ，采样时间为 10min，并记录采样点的温度和大气压，样品在室温下于 24h 内分析。

5.3 苯的现场采样

在采样地点打开吸附管，与空气采样器入口垂直连接，调节流量 500mL/min 的范围内，采气 10L，采样时间 20min，应记录采样时间，采样流量，温度和大气压，取下吸附管，应密闭吸附管的两端，做好标识，放入克密封的金属或玻璃容器中，样品可保存 5d。

5.4 TVOC 的现场采样

在采样地点打开吸附管，然后与空气采样入气口垂直连接，调节流量在 500mL/min，采样约 10L 空气，采样时间 20min，并记录采样时间、温度和大气压。采样结束取下吸附管，密封吸附管的两端，并做好标记，然后放入可密封的金属或玻璃容器中，并尽快分析，样品最长可保存 15d。

5.5　氡的现场采样

民用建筑工程室内环境中氡浓度检测时，对采用自然通风的民用建筑工程，应在房间的对外门窗关闭24h以后进行。

采集室外空气空白样品应与采集室内空气样品同步进行，地点宜选在室外上风向处，避开花草，施工的地方采样。

6. 各种检测项目检测数据的分析和判定

6.1　甲醛的数据分析

6.1.1　原理

空气中的甲醛被酚试剂溶液吸收，反应生成嗪，嗪在酸性溶液中被三价铁离子氧化生成蓝绿色化合物。根据颜色深浅，比色定量。在波长630 nm下，测定吸光度。

6.1.2　试剂

本法中所用水均为重蒸馏水或去离子交换水；所用的试剂纯度一般为分析纯。

6.1.2.1　吸收液原液：称量0.10g酚试剂［$C_6H_4SN(CH_3)C:NNH_2 \cdot HCl$，简称NBTH］，加水溶解，倾于100mL具塞量筒中，加水到刻度。放冰箱中保存，可稳定3d。

6.1.2.2　吸收液：量取吸收原液5mL，加95mL水，即为吸收液。采样时，临用现配。

6.1.2.3　1%硫酸铁铵溶液：称量1.0g硫酸铁铵［$NH_4Fe(SO_4)2 \cdot 12H_2O$］用0.1mol/L盐酸溶解，并稀释至100mL。

6.1.2.4　碘溶液$\left[c\left(\frac{1}{2}I_2\right)=0.1000\text{mol/L}\right]$：称量40g碘化钾，溶于25mL水中，加入12.7g碘。待碘完全溶解后，用水定容至1000mL。移入棕色瓶中，暗处储存。

6.1.2.5　1mol/L氢氧化钠溶液：称量40g氢氧化钠，溶于水中，并稀释至1000mL。

6.1.2.6　0.5mol/L硫酸溶液：取28mL浓硫酸缓慢加入水中，冷却后，稀释至1000mL。

6.1.2.7　硫代硫酸钠标准溶液［$c(Na_2S_2O_3)=0.1000\text{mol/L}$］：可用从试剂商店购买的标准试剂，也可按标准制备。

6.1.2.8　0.5%淀粉溶液：将0.5g可溶性淀粉，用少量水调成糊状后，再加入100mL沸水，并煎沸2～3min至溶液透明确。冷却后，加入0.1g水杨酸或0.4g氯化锌保存。

6.1.2.9　甲醛标准储备溶液：取2.8mL含量为36%～38%甲醛溶液，放入1L容量瓶中，加水稀释至刻度。此溶液1mL约相当于1mg甲醛。其准确浓度用下述碘量法标定：

甲醛标准储备溶液的标定：精确量取20.00mL待标定的甲醛标准储备溶液，置于250mL碘量瓶中。加入20.00mL$\left[c\left(\frac{1}{2}I_2\right)=0.1000\text{mol/L}\right]$碘溶液和15mL 1mol/L氢氧化钠溶液，放置15min，加入0.5mol/L硫酸溶液，再放置15min，用［$c(Na_2S_2O_3)=0.1000\text{mol/L}$］硫代硫酸钠溶液滴定，至溶液呈现淡黄色时，加入1mL 5%淀粉溶液继续滴定至恰使蓝色褪去为止，记录所用硫代硫酸钠溶液体积（V_2），mL。同时用水作试剂空白滴定，记录空白滴定所用硫化硫酸钠标准溶液的体积（V_1），mL。甲醛溶液的浓度用公式（6-1）计算：

$$\text{甲醛溶液浓度(mg/mL)} = \frac{(V_1 - V_2) \times c_1 \times 15}{20} \qquad (6\text{-}1)$$

式中　V_1——试剂空白消耗硫代硫酸钠溶液体积，mL；

V_2——甲醛标准储备溶液消耗硫代硫酸钠溶液的体积，mL；

c_1——硫代硫酸钠溶液的准确物质量浓度；

15——甲醛的当量；

20——所取甲醛标准储备溶液的体积，mL。

二次平行滴定，误差应小于 0.05mL，否则重新标定。

6.1.2.10 甲醛标准溶液：临用时，将甲醛标准储备溶液用水稀释成 1.00mL 含 10μg 甲醛、立即再取此溶液 10.00mL，加入 100mL 容量瓶中，加入 5mL 吸收原液，用水定容至 100mL，此液 1.00mL 含 1.00μg 甲醛，放置 30min 后，用于配制标准色列管。此标准溶液可稳定 24h。

6.1.3 仪器和设备

6.1.3.1 大型气泡吸收管：出气口内径为 1mm，出气口至管底距离等于或小于 5mm。

6.1.3.2 恒流采样器：流量范围 0～1L/min。流量稳定可调，恒流误差小于 2%，采样前和采样后应用皂沫流量计校准采样系列流量，误差小于 5%。

6.1.3.3 具塞比色管：10mL。

6.1.3.4 分光光度计：在 630nm 测定吸光度。

6.1.4 采样

用一个内装 5mL 吸收液的大型气泡吸收管，以 0.5L/min 流量，采气 10L。并记录采样点的温度和大气压力，采样后样品在室温下应在 24h 内分析。

6.1.5 分析步骤

6.1.5.1 标准曲线的绘制

取 10mL 具塞比色管，用甲醛标准溶液按表 6-1 制备标准色列。

表 6-1 标准色列

管号	0	1	2	3	4	5	6	7	8
标准溶液（mL）	0	0.10	0.2	0.4	0.60	0.80	1.00	1.50	2.00
吸收液（mL）	5.0	4.9	4.8	4.6	4.4	4.2	4.0	3.5	3.0
甲醛含量（μg）	0	0.1	0.2	0.4	0.6	0.8	1.0	1.5	2.0

各管中，加入 0.4mL，1%硫酸铁铵溶液，摇匀。放置 15min。用 1cm 比色皿，以在波长 630μm 下，以水参比，测定各管溶液的吸光度。以甲醛含量为横坐标，吸光度为纵坐标，绘制曲线，并计算回归斜率，以斜率倒数作为样品测定的计算因子 B_g（μg/吸光度）。

6.1.5.2 样品测定

采样后，将样品溶液全部转入比色管中，用少量吸收液洗吸收管，合并使总体积为 5mL。按绘制标准曲线的操作步骤，测定吸光度（A）；在每批样品测定的同时，用 5mL 未采样的吸收液作试剂空白，测定试剂空白的吸光度（A_0）。

6.1.6 结果计算

6.1.6.1 将采样体积按公式（6-2）换算成标准状态下采样体积：

$$V_0 = V_1 \times \frac{T_0}{273 + t} \times \frac{P}{P_0} \tag{6-2}$$

式中 V_0——标准状况下的采样体积，L；

V_1——采样体积，L；

t——采样时的空气温度,℃；

T_0——标准状况下的绝对温度，273K；

P——采样时的大气压，kPa；

P_0——标准状况下的大气压力，101.3kPa。

6.1.6.2 空气中甲醛浓度按公式（6-3）计算：

$$c=\frac{(A-A_0)\times B_s}{V_0}\times\frac{V_1}{V_2} \tag{6-3}$$

式中 c——空气中甲醛浓度，mg/m^3；

A——样品溶液的吸光度；

A_0——试剂空白溶液的吸光度；

B_s——用标准溶液绘制标准曲线得到的计算因子，μg / 吸光度；

V_0——标准状况下的采样体积，L；

V_1——采样时吸收液体积，mL；

V_2——分析时取样品体积，mL。

6.2 氨的数据分析

靛酚蓝分光光度法测定氨。

6.2.1 原理

空气中氨吸收在稀硫酸中，在亚硝基铁氰化钠及次氯酸钠存在下，与水杨酸生成蓝绿色的靛酚蓝染料，根据着色深浅，比色定量。

6.2.2 试剂和材料

本法所用的试剂均为分析纯试剂，水为无氨蒸馏水，制备方法见教材检测技能任务5氨的检测部分。

6.2.2.1 吸收液［c（H_2SO_4）=0.005mol/L］：量取2.8mL浓硫酸加入水中，并稀释至1L。临用时再稀释10倍。

6.2.2.2 水杨酸溶液（50g/L）：称取10.0g水杨酸［C_6H_4（OH）COOH］和10.0g柠檬酸钠（$Na_3C_6O_7\cdot 2H_2O$），加水约50mL，再加55mL氢氧化钠溶液［c（NaOH）=2mol/L］，用水稀释至200mL。此试剂稍有黄色，室温下可稳定1个月。

6.2.2.3 亚硝基铁氰化钠溶液（10g/L）：称取1.0g亚硝基铁氰化钠［Na_2Fe（CN）5·NO·$2H_2O$］。

6.2.2.4 次氯酸钠溶液［c（CaClO）=0.05mol/L］：取1mL次氯酸钠试剂原液，用碘量法标准定其浓度。然后用氢氧化钠溶液［c（NaOH）=2mol/L］称释成0.05mol/L的溶液。储于冰箱中可保存2个月。

6.2.2.5 氨标准溶液

6.2.2.6 标准储备液：称取0.3142g经105℃干燥1h的氯化铵（NH_4Cl），用少量水溶解，移入100mL容量瓶中，用吸收液稀释至刻度，此液1.00mL含1.00mg氨。

6.2.2.7 标准工作液：临用时，将标准储备液用吸收液稀释成1.00mL含1.00μg氨。

6.2.3 分析步骤

6.2.3.1 标准曲线的绘制：取10mL具塞比色管7支，按表6-2制备标准色列管。

表 6-2 氨标准色列

管号	0	1	2	3	4	5	6
标准溶液体积（mL）	0.00	0.50	1.00	3.00	5.00	7.00	10.00
吸收积（mL）	10.00	9.50	9.00	7.00	5.00	3.00	0
氨含量（μg）	0	0.50	1.00	3.00	5.00	7.00	10.00

在各管中加入0.50mL水杨酸溶液，再加入0.10mL亚硝基铁氰化钠溶液和0.10mL次氯酸钠溶液，混匀，室温下放置1h。用1cm比色皿，于波长697.5nm处，以水作参比，测定各管溶液的吸光度。以氨含量（μg）作横坐标，吸光度为纵坐标，绘制标准曲线，并用最小二乘法计算校准曲线的斜率、截距及回归方程按式（6-4）计算：

$$y = bx + a \tag{6-4}$$

式中 y——标准溶液的吸光度；

x——氨含量，μg；

a——回归方程式的截距；

b——回归方程式斜率，吸光度/μg。

标准曲线斜率 b 应为 0.081 ± 0.003 吸光度/μg 氨，以斜率的倒数作为样品测定时的计算因子（B_s）。

6.2.4 样品测定

将样品溶液转入具塞比色管中，用少量的水洗吸收管，合并，使总体积为10mL，再按制备标准曲线的操作步骤测定样品的吸光度。在每批样品测定的同时，用10mL未采样的吸收液作试剂空白测定。如果样品溶液吸光度超过标准曲线范围，则可用试剂空白稀释样品显色液后再分析。计算样品浓度时，要考虑样品溶液的稀释倍数。

6.2.5 结果计算

6.2.5.1 将采样体积按公式（6-5）换算成标准状态下的采样体积：

$$V_0 = V_1 \times \frac{T_0}{273 + t} \times \frac{P}{P_0} \tag{6-5}$$

式中 V_0——标准状态下的采样体积，L；

V_1——采样体积，由采样流量乘以采样时间而得，L；

T_0——标准状态下的绝对温度，273K；

P_0——标准状态下的大气压力，101.3kPa；

P——采样时的大气压力，kPa；

t——采样时的空气温度，℃。

6.2.5.2 空气中氨浓度按公式（6-6）计算：

$$c = \frac{(A - A_0) \times B_s}{V_0} \tag{6-6}$$

式中 c——空气中氨浓度，mg/m^3；

A——样品溶液的吸光度；

A_0——空白溶液的吸光度；

B_s——计算因子，μg/吸光度；

V_0——标准状态下的采样体积，L。

6.2.6　测定范围、精密度的准确度

6.2.6.1　测定范围：测定范围为10mL样品溶液中含0.5～10μg氨。按本法规定的条件采样10min，样品可测浓度范围为0.01～2mg/m³。

6.2.6.2　灵敏度：10mL吸收液中含有1μg的氨应有0.081±0.003吸光度。

6.2.6.3　检测下限：检测下限为0.5μg/10mL，若采样体积为5L时，最低检出浓度为0.01mg/m³。

6.2.6.4　干扰和排除：对已知的各种干扰物，本法已采取有效措施进行排除，常见的Ca^{2+}、Mg^{2+}、Fe^{3+}、Mn^{2+}、Al^{3+}等多种阳离子已被柠檬酸络合；2μg以上的苯氨有干扰，H_2S允许量为30μg。

6.2.6.5　方法的精密度：当样品中氨含量为1.0μg/10mL、5.0μg/10mL、10.0μg/10mL，其变异系数分别为3.1%、2.9%、1.0%，平均相对偏差为2.5%。

6.2.6.6　方法的准确度：样品溶液加入1.0μg、3.0μg、5.0μg、7.0μg的氨时，其回收率为95%～109%，平均回收率为100.0%。

6.3　苯的数据分析

6.3.1　方法提要

6.3.1.1　相关标准和依据

本方法主要依据《居住区大气中苯、甲苯和二甲苯卫生检验标准方法　气相色谱法》(GB/T 11737—1989)。

6.3.2　原理

空气中苯用活性炭管采集，然后用二硫化碳提取出来。用氢火焰离子化检测器的气相色谱仪分析，以保留时间定性，峰高定量。

6.3.3　干扰和排除

当空气中水蒸汽或水雾量太大，以至在碳管中凝结时，严重影响活性炭的穿透容量和采样效率。空气湿度在90%以下，活性炭管的采样效率符合要求。空气中的其他污染物干扰，由于采用了气相色谱分离技术，选择合适的色谱分离条件可以消除。

6.3.4　适用范围

6.3.4.1　测定范围：采样量为20L时，用1mL二硫化碳提取，进样1μL，测定范围为0.05～10mg/m³。

6.3.4.2　适用场所：本法适用于室内空气和居住区大气中苯浓度的测定。

6.3.5　试剂和材料

6.3.5.1　苯：色谱纯。

6.3.5.2　二硫化碳：分析纯，需经纯化处理，保证色谱分析无杂峰。

6.3.5.3　椰子壳活性炭：20～40目，用于装活性炭采样管。

6.3.5.4　高纯氮：氮的质量分数为99.999%。

6.3.6　仪器和设备

6.3.6.1　活性炭采样管：用长150mm，内径3.5～4.0mm，外径6mm的玻璃管，装入100mg椰子壳活性炭，两端用少量玻璃棉固定。装好管后再用纯氮气于300～350℃温度条件下吹5～10min，然后套上塑料帽封紧管的两端。此管放于干燥器中可保存5d。若将玻璃管熔封，此管可稳定3个月。

6.3.6.2 空气采样器：流量范围0.2～1L/min流量稳定。使用时用皂膜流量计校准采样系统在采样前和采样后的流量，流量误差应小于5%。

6.3.6.3 注射器：1mL。体积刻度误差应校正。

6.3.6.4 微量注射器：1μL、10μL，体积刻度误差应校正。

6.3.6.5 具塞刻度试管：2mL。

6.3.6.6 气相色谱仪：附氢火焰离子化检测器。

6.3.6.7 色谱柱：0.53mm×30m大口径非极性石英毛细管柱。

6.3.7 采样和样品保存

在采样地点打开活性炭管，两端孔径至少2mm，与空气采样器入气口垂直连接，以0.5L/min的速度，抽取20L空气。采样后，将管的两端套上塑料帽，并记录采样时的温度和大气压力。样品可保存5d。

6.3.8 分析步骤

6.3.8.1 色谱分析条件：由于色谱分析条件常因实验条件不同而有差异，所以应根据所用气相色谱仪的型号和性能，制定能分析苯的最佳的色谱分析条件。

6.3.8.2 绘制标准曲线和测定计算因子：在与样品分析的相同条件下，绘制标准曲线和测定计算因子。

用标准溶液绘制标准曲线：于5.0mL容量瓶中，先加入少量二硫化碳，用1μL微量注射器准确取一定量的苯（20℃时，1μL苯重0.8787mg）注入容量瓶中，加二硫化碳至刻度，配成一定浓度的储备液。临用前取一定量的储备液用二硫化碳逐级稀释成苯含量分别为2.0μg/mL、5.0μg/mL、10.0μg/mL、50.0μg/mL的标准液。取1μL标准液进样，测量保留时间及峰高。每个浓度重复3次，取峰高的平均值。分别以1μL苯的含量（μg/mL）为横坐标（μg），平均峰高为纵坐标（mm），绘制标准曲线。并计算回归线的斜率，以斜率的倒数B_s［μg/mm］作为样品测定的计算因子。

6.3.8.3 样品分析：将采样管中的活性炭倒入具塞刻度试管中，加1.0mL二硫化碳，塞紧管塞，放置1h，并不时振摇。取1μL进样，用保留时间定性，峰高（mm）定量，每个样品作3次分析，求峰高的平均值。同时，取1个未经采样的活性炭管按样品管同时操作，测量空白管的平均峰高（mm）。

6.3.9 结果计算

6.3.9.1 将采样体积按公式（6-7）换算成标准状态下的采样体积：

$$V_0 = V \times \frac{T_0}{T} \times \frac{P}{P_0} \tag{6-7}$$

式中 V_0——换算成标准状态下的采样体积，L；

V——采样体积，L；

T_0——标准状态的绝对温度，273K；

T——采样时采样点现场的温度（t）与标准状态的绝对温度之和，（t+273）K；

P_0——标准状态下的大气压力，101.3kPa；

P——采样时采样点的大气压力，kPa。

6.3.9.2 空气中苯浓度按公式（6-8）计算：

$$c=\frac{(h-h_0)\times B_s}{V_0\times E_s} \tag{6-8}$$

式中 c——空气中苯或甲苯、二甲苯的浓度，mg/m^3；

h——样品峰高的平均值，mm；

h_0——空白管的峰高，mm；

B_s——由6.3.8.2条得到的计算因子，μg/mm；

E_s——由实验确定的二硫化碳提取的效率；

V_0——标准状况下采样体积，L。

6.3.10　方法特性

6.3.10.1　检测下限：采样量为20L时，用1mL二硫化碳提取，进样1μL，检测下限为0.05mg/m^3。

6.3.10.2　线性范围：106。

6.3.10.3　精密度：苯的浓度为8.78μg/mL和21.9μg/mL的液体样品，重复测定的相对标准偏差7%和5%。

6.3.10.4　准确度：对苯含量为0.5μg、21.1μg和200μg的回收率分别为95%、94%和91%。

6.4　总挥发性有机物（TVOC）的数据分析

6.4.1　原理

选择合适的吸附剂（Tenax GC或Tenax TA），用吸附管采集一定体积的空气样品，空气流中的挥发性有机化合物保留在吸附管中。采样后，将吸附管加热，解吸挥发性有机化合物，待测样品随惰性载气进入毛细管气相色谱仪。用保留时间定性、峰高或峰面积定量。

6.4.2　干扰和排除

采样前处理和活化采样管和吸附剂，使干扰减到最小；选择合适的色谱柱和分析条件，本法能将多种挥发性有机物分离，使共存物干扰问题得以解决。

6.4.3　适用范围

6.4.3.1　测定范围：本法适用于浓度范围为0.5～100mg/m^3之间的空气中VOCs的测定。

6.4.3.2　适用场所：本法适用于室内、环境和工作场所空气，也适用于评价小型或大型测试舱室内材料的释放。

6.4.4　试剂和材料

分析过程中使用的试剂应为色谱纯，如果为分析纯，需经纯化处理，保证色谱分析无杂峰。

6.4.4.1　VOCs：为了校正浓度，需用VOCs作为基准试剂，配成所需浓度的标准溶液或标准气体，然后采用液体外标法或气体外标法将其定量注入吸附管。

6.4.4.2　稀释溶剂：液体外标法所用的稀释溶剂应为色谱纯，在色谱流出曲线中应与待测化合物分离。

6.4.4.3　吸附剂：使用的吸附剂粒径为0.18～0.25mm（60～80目），吸附剂在装管前都应在其最高使用温度下，用惰性气流加热活化处理过夜。为了防止二次污染，吸附剂应在清洁空气中冷却至室温，储存和装管。解吸温度应低于活化温度。由制造商装好的吸附管使用前也需活化处理。

6.4.4.4 高纯氮：氮的质量分数为99.999%。

6.4.5 仪器和设备

6.4.5.1 吸附管：外径6.3mm，内径5mm，长90mm（或180mm），内壁抛光的不锈钢管，吸附管的采样入口一端有标记。吸附管可以装填一种或多种吸附剂，应使吸附层处于解吸仪的加热区。根据吸附剂的密度，吸附管中可装填200～1000mg的吸附剂，管的两端用不锈钢网或玻璃纤维毛堵住。如果在一支吸附管中使用多种吸附剂，吸附剂应按吸附能力增加的顺序排列，并用玻璃纤维毛隔开，吸附能力最弱的装填在吸附管的采样入口端。

6.4.5.2 注射器：10μL液体注射器；10μL气体注射器；1mL气体注射器。

6.4.5.3 采样泵：恒流空气个体采样泵，流量范围0.02～0.5L/min，流量稳定。使用时用皂膜流量计校准采样系统在采样前和采样后的流量。流量误差应小于5%。

6.4.5.4 气相色谱仪：配备氢火焰离子化检测器、质谱检测器或其他合适的检测器。色谱柱：非极性（极性指数小于10）石英毛细管柱。

6.4.5.5 热解吸仪：能对吸附管进行二次热解吸，并将解吸气用惰性气体载带进入气相色谱仪。解吸温度、时间和载气流速是可调的。冷阱可将解吸样品进行浓缩。

6.4.5.6 液体外标法制备标准系列的注射装置：常规气相色谱进样口，可以在线使用也可以独立装配，保留进样口载气连线，进样口下端可与吸附管相连。

6.4.6 采样和样品保存

将吸附管与采样泵用塑料或硅橡胶管连接。个体采样时，采样管垂直安装在呼吸带；固定位置采样时，选择合适的采样位置。打开采样泵，调节流量，以保证在适当的时间内获得所需的采样体积（1～10L）。如果总样品量超过1mg，采样体积应相应减少。记录采样开始和结束时的时间、采样流量、温度和大气压力。

采样后将管取下，密封管的两端或将其放入可密封的金属或玻璃管中。样品可保存14d。

6.4.7 分析步骤

6.7.7.1 样品的解吸和浓缩

将吸附管安装在热解吸仪上，加热，使有机蒸气从吸附剂上解吸下来，并被载气流带入冷阱，进行预浓缩，载气流的方向与采样时的方向相反。然后再以低流速快速解吸，经传输线进入毛细管气相色谱仪。传输线的温度应足够高，以防止待测成分凝结。解吸条件见表6-3。

表6-3 解吸条件

解吸温度	250～325℃
解吸时间	5～15min
解吸气流量	30～50mL/min
冷阱的制冷温度	+20～180℃
冷阱的加热温度	250～350℃
冷阱中的吸附剂	如果使用，一般与吸附管相同，40～100mg
载气	氦气或高纯氮气
分流比	样品管和二级冷阱之间以及二级冷阱和分析柱之间的分流比应根据空气中的浓度来选择

6.4.7.2　色谱分析条件

可选择膜厚度为1～5μm，50m×0.22mm的石英柱，固定相可以是二甲基硅氧烷或70%的氰基丙烷、70%的苯基、86%的甲基硅氧烷。柱操作条件为程序升温，初始温度50℃保持10min，以5℃/min的速率升温至250℃。

6.4.7.3　标准曲线的绘制

气体外标法：用泵准确抽取100μg/m^{3}的标准气体100mL、200mL、400mL、1L、2L、4L、10L通过吸附管，为标准系列。

液体外标法：利用6.4.5.6的进样装置分别取1～5μL含液体组分100μg/mL和10μg/mL的标准溶液注入吸附管，同时用100mL/min的惰性气体通过吸附管，5min后取下吸附管密封，为标准系列。

用热解吸气相色谱法分析吸附管标准系列，以扣除空白后峰面积为纵坐标，以待测物质量为横坐标，绘制标准曲线。

6.4.7.4　样品分析

每支样品吸附管按绘制标准曲线的操作步骤（即相同的解吸和浓缩条件及色谱分析条件）进行分析，用保留时间定性，峰面积定量。

6.4.8　结果计算

6.4.8.1　将采样体积按公式（6-7）换算成标准状态下的采样体积。

6.4.8.2　TVOC的计算：

① 应对保留时间在正己烷和正十六烷之间所有化合物进行分析。

② 计算TVOC，包括色谱图中从正己烷到正十六烷之间的所有化合物。

③ 根据单一的校正曲线，对尽可能多的VOCs定量，至少应对10个最高峰进行定量，最后与TVOC一起列出这些化合物的名称和浓度。

④ 计算已鉴定和定量的挥发性有机化合物的浓度Sid。

⑤ 用甲苯的响应系数计算未鉴定的挥发性有机化合物的浓度Sun。

⑥ Sid与Sun之和为TVOC浓度或TVOC的值。

⑦ 如果检测到的化合物超出了②中TVOC定义的范围，那么这些信息应该添加到TVOC值中。

6.4.8.3　空气样品中待测组分的浓度按公式（6-9）计算：

$$c=\frac{F-B}{V_0}\times 1000 \tag{6-9}$$

式中　c——空气样品中待测组分的浓度，μg/m^3；

F——样品管中组分的质量，μg；

B——空白管中组分的质量，μg；

V_0——标准状态下的采样体积，L。

6.4.9　方法特性

6.4.9.1　检测下限：采样量为10L时，检测下限为0.5μg/m^3。

6.4.9.2　线性范围：106。

6.4.9.3　精密度：根据待测物的不同，在吸附管上加入10μg的标准溶液，Tenax TA的相对标准差范围为 0.4%～2.8%。

6.4.9.4 准确度：20℃、相对湿度为 50%的条件下，在吸附管上加入 10mg/m³ 的正己烷，Tenax TA、Tenax GR（5 次测定的平均值）的总不确定度为 8.9%。

6.5 氡的数据分析

本工程采用环境测氡仪 RAD7，现场直接可以分析数据。

7. 各项检测项目结果的判定

根据《民用建筑工程室内环境污染控制规范》（GB 50325—2010，2013 年版）中对浓度的要求，具体限值见表 7-1。

表 7-1 民用建筑工程室内环境污染控制规范（GB 50325—2010，2013 年版）

污染物	Ⅰ类民用建筑工程	Ⅱ类民用建筑工程
氡（Bq/m^3）	≤200	≤400
游离甲醛（mg/m^3）	≤0.08	≤0.10
苯（mg/m^3）	≤0.09	≤0.09
氨（mg/m^3）	≤0.2	≤0.2
TVOC（mg/m^3）	≤0.5	≤0.6

7.1 当室内环境污染物浓度的全部检测结果符合本规范的规定时，可判定该工程室内环境质量合格。

7.2 当室内环境污染物浓度检测结果不符合本规范的规定时，应查找原因并采取措施进行处理。采取措施进行处理后的工程，可对不合格项进行再次检测。再次检测时，抽检数量应增加 1 倍，并应包含同类型房间及原不合格房间。室内环境环境污染浓度再次检测结果全部符合本规范规定时，可判定为室内环境质量合格。

8. 检测工作组织

8.1 测试工作安排

8.1.1 人员、设备进场室内环境空气质量检测。

8.1.2 资料处理及报告编写。

8.2 测试时间

初步拟定工期如下：

民用建筑工程及室内装修工程的室内环境质量验收，应在工程完工 7d 以后、工程交付使用前方可进行检测。

根据委托方要求，组织设备进场检测，保质保量完成工作。

9. 检测进度计划及保证措施

9.1 检测进度计划

在现场具备检测的条件下，投入采样仪器 BS-H2 双恒流大气采样仪 4 台，每天检测 40～50 个采样点，根据规格《民用建筑工程室内环境污染控制规范》（GB 50325—2010，2013 年版）的要求，累计采样到完毕为止。

9.2　检测保证措施

安排派专职安全员全程监控整个实验过程，严格按安全操作规程进行，杜绝安全事故。

10. 技术质量控制和管理

10.1　质量管理体系

10.1.1　建立以质量管理者代表为第一责任人的质量管理体系，确立质量目标，树立和强化全员参与的质量意识和观念，充分调动全体职工为实现质量目标的积极性。

10.1.2　严格执行质量检查验收制度，专职质检人员行使质量一票否决权。

10.1.3　严格落实质量责任制、奖惩制度和质量责任追究制。

10.2　质量保证措施

10.2.1　成立项目负责人、技术负责人的领导机构，为确保工程质量，实现创优目标。开工前编制科学的技术设计方案、可行的质量计划和作业指导书作为质量保证的基础，作业过程中落实各种检查制度作为手段，形成全员管理质量的氛围。自始至终把质量放在首位，确保产品质量目标的实现。本工程质量总目标是：满足招标文件质量要求，优良率90%以上，合格率100%。对本项目工程质量管理建立了一套较为完善的管理制度。

10.2.2　管理人员岗位职责、对本次试验有计划进行全面安排管理及指导，负责协调或处理生产过程中所遇到的各类问题。

10.2.3　技术人员岗位职责、对本项目试验及检测的全过程进行跟踪检查监督。经常深入生产班组，作业现场，及时处理生产过程中的技术问题，不断总结经验，辅导监控作业。严格按《技术设计书》及相关技术标准控制生产的每一过程，及时制止违法违规，杜绝伪造成果的行为。

10.2.4　作业员岗位职责：

10.2.4.1　严格按照规范及相关的技术标准进行操作，遵守各项操作规程，认真做好试验过程中的原始记录。

10.2.4.2　原始记录严禁违规更改和转抄，更不允许伪造。

10.2.4.3　认真贯彻“严、准、精、细”的作业作风，坚持做到作业精度未达到要求不交成果，数据资料不齐全、不准确的不交成果。

10.2.4.4　对自己作业的成果，成图质量负责到底，认真执行各级检验后的纠正和预防措施。

10.2.5　质量控制方法：

10.2.5.1　加强质量意识教育；根据公司的经营环境、技术现状，按照国家标准的质量保证模式，制定各种质量管理的法规文件。

10.2.5.2　增强质量检查力度；由技术总监、质量总监和专职检查员负责，从生产开始对生产过程进行认可，对有可能出现的不合格产品提出预防措施，对已出现的不合格产品提出纠正措施；严格按质量管理体系进行质量管理，并填写相应记录，真正做到“工作按程序、检查有记录”。

10.2.5.3　严格执行技术规范及设计要求认真负责进行试验，保证试验数据真实、可信。

10.2.5.4　履行岗位质量责任制，现场观测、记录等技术工作均由技术人员认真如实做好，并及时签名标识，数据当日交叉检查，防止疏漏。

10.2.5.5 使用仪器设备均为计量部门检验达到检测精度要求的绿卡设备。

10.2.5.6 质量方针和目标：在每个项目的实施过程中坚定不移地贯彻质量方针“精心规划依法试验检测质量为本真实可靠”和质量目标“质量第一为核心、优质服务创一流”，自始至终把质量放在首位，确保产品质量目标的实现。

11. 劳动力安排计划、投入的检测设备仪器情况及使用计划

序号	姓名	性别	职称	拟任职务	备注
1				项目负责人	
2				技术负责人	
3				安全员	
4				检测员	
5				检测员	

12. 甲方需提供的现场配合

12.1 提供相应信息资料。

12.2 保证抽检数量。

12.3 清理被检房间内一切杂物。

12.4 检测前1h关闭所有门窗。

13. 服务承诺

13.1 为保证室内环境空气质量检测和工期，将以最强技术力量、高精度仪器设备和甲方要求的测试设备数量投入该项检测工作。

13.2 按照甲方要求按时进场测试；测试工作结束后严格按合同所规定的时限提交室内环境检测报告。

年　　月

附录B

室内环境空气质量检测报告

工程名称：检测实训室室内环境空气检测

检测类型：室内环境空气质量检测

委托单位：

检测日期：

检测实训室
室内环境空气质量检测报告

一、检测内容及检测目的

根据室内环境空气质量检测方案对室内环境空气检测实训室进行室内空气中氡浓度、游离甲醛浓度、氨浓度、苯浓度、TVOC浓度进行检测，检验该工程室内环境质量是否达到国家有关标准要求。

二、工程概况

室内环境空气检测实训室，位于教学楼二楼，建成初期作为建筑装饰材料及效果展示实训使用，因其平面形式及实训室内包含大量的建筑装饰主要材料与辅助材料，故同时作为室内环境检测实训室，按照《民用建筑工程室内环境污染控制规范》（GB 50325—2010，2013年版）的规定，该工程房屋用途为Ⅰ类民用建筑工程。

工程规模：

工程简介见表1：

表1　抽样房间概况

房间名称	建筑类别	地 面	墙 面	其 他
实训室	Ⅰ类			

三、检测依据

1.《民用建筑工程室内环境污染控制规范》（GB 50325—2010，2013年版）。

2.《公共场所卫生检验方法　第2部分：化学污染物》（GB/T 18204.2—2014）。

3.《居住区大气中苯、甲苯、二甲苯卫生检验标准方法　气相色谱法》（GB/T 11737—1989）。

4. 有关现行技术规范标准。

四、检测设备

所用设备经检定合格并在有效期内，检测前后仪器使用正常。仪器汇总表见表2：

表2　主要仪器一览表

序号	样品名称	检测和分析设备	备注
1	甲醛	BS-H2双恒流大气采样仪	
		7230G可见分光光度计	

续表

序号	样品名称	检测和分析设备	备注
2	TVOC	BS-H2 双恒流大气采样仪	
		GC112A 型气相色谱仪	
		GC126 型气相色谱仪	
3	苯	BS-H2 双恒流大气采样仪	
		GC112A 型气相色谱仪	
		GC126 型气相色谱仪	
4	氨	BS-H2 双恒流大气采样仪	
		7230G 可见分光光度计	
5	氡	环境测氡仪 RAD7	

其他主要仪器：HD-D 型热解析仪、Auto TDS -I 热解析仪、DYM-3 大气压力表。

五、样品情况

表 3　抽样数量和样品基本情况

受检单位名称			采样时间	
检测项目	甲醛、TVOC、苯、氨、氡		采样人	
抽样数量	房间面积	布点数量	实测房间	实测点数
	<50	1 点/间		
	≥50，<100	2		
	≥100，<500	不少于 3		
	≥500，<1000	不少于 5		
	≥1000，<3000	不少于 6		
	≥3000	每 1000m^{2}不少于 3		
—	室外	1		
样品数量	________点	保存方式	符合 GB 50325—2010，2013 年版要求	
检测时间			检测人	

六、检测结果

根据各检测点检测结果，在扣除室外空气相应空白值后，经过计算整理，综合分析，本工程所检各点结果见表 4。

污染物浓度限量值，详见表 4 检测结果一览表。

表 4 检测结果一览表

序号	采样检测点	检测结果				
		甲醛 (mg/m^3)	TVOC (mg/m^3)	苯 (mg/m^3)	氨 (mg/m^3)	氡 (Bq/m^3)
标准值（Ⅰ类民用建筑工程）		≤0.08	≤0.5	≤0.09	≤0.2	≤200
1						
2						
3						
4						
标准值（Ⅱ类民用建筑工程）		≤0.10	≤0.6	≤0.09	≤0.2	≤400
5						
6						
7						
评价标准及代号		《民用建筑工程室内环境污染控制规范》(GB 50325—2010，2013 年版)				

注：甲醛和氨的检出限是≤0.01mg/m^3。

七、检测结论

依据《民用建筑工程室内环境污染控制规范》(GB 50325—2010，2013 年版)，实训室所抽检的室内环境质量__________（符合/不符合）Ⅰ类民用建筑工程标准要求。

参考文献

[1] 贺小风，等. 室内环境检测实训指导书[M]. 北京：中国环境科学出版社，2010.

[2] 王英键，等. 室内环境检测[M]. 北京：中国劳动社会保障出版社，2010.

[3] 李新，等. 室内环境与检测[M]. 北京：化学工业出版社，2006.

[4] 李金. 有毒物质及其检测[M]. 北京：中国石化出版社，2002.

[5] 孟凡昌，潘祖亭. 分析化学核心教程[M]. 北京科学出版社，2005.

[6] 宋广生. 室内环境污染控制理论与实务[M]. 北京：化学工业出版社，2006.

[7] 国家质量监督检验检疫总局，卫生部. 室内空气质量标准 [S]. 北京：中国标准出版社，2003.

[8] 住房和城乡建设部，国家质量监督检验检疫总局. 民用建筑工程室内环境污染控制规范(2013 年版) [S]. 北京：中国计划出版社，2011.

[9] 国家环境保护总局，空气和废气监测分析方法编委会. 空气和废气监测分析方法[M]. 北京：中国环境科学出版社，2007.

[10] 刘丽娟. 高效液相色谱法测定空气中苯并芘[J]. 山西：山西化工，2007.

[11] 樊占春. 高效液相色谱法测定空气中苯并芘的探讨[J]. 辽宁：环境保护与循环经济，2008.

[12] 魏复成. 空气和废气监测分析方法指南[M]. 北京：中国环境科学出版社，2006.

[13] 国家环境保护总局. 室内环境空气质量监测技术规范[S]. 北京：中国环境科学出版社，2004.

[14] 李国刚. 环境空气和废气污染物分析测试方法[M]. 北京：化学工业出版社，2013.

[15] 张秀玲，宋保军，等. 空气中二氧化氮的分光光度法测定[J]. 北京：中国计量，2011.

[16] 陈振为，尹华. 四氯汞钾-盐酸副玫瑰苯胺分光光度法测定空气中二氧化硫的有关问题探讨[J]. 江苏：江苏预防医学，2009.